环境公共治理丛书
本书为中欧环境治理项目成果（项目编号：EuropeAid/132-005/L/ACT/CN）
本项目成果不代表欧盟观点

嘉兴模式与浙江省公众参与环境保护的机制构建

林卡　朱浩　易龙飞　著

中国环境出版社·北京

图书在版编目（CIP）数据

嘉兴模式与浙江省公众参与环境保护的机制构建/林卡，朱浩，易龙飞著. —北京：中国环境出版社，2015.12
（环境公共治理丛书）
ISBN 978-7-5111-2380-0

Ⅰ. ①嘉… Ⅱ. ①林… ②朱… ③易… Ⅲ. ①环境保护—研究—嘉兴市 Ⅳ. ①X321.255.3

中国版本图书馆 CIP 数据核字（2015）第 091217 号

出 版 人 王新程
责任编辑 周 煜
责任校对 尹 芳
封面设计 彭 杉

出版发行 中国环境出版社
（100062 北京东城区广渠门内大街 16 号）
网 址：http://www.cesp.com.cn
电子邮箱：bjgl@cesp.com.cn
联系电话：010-67112765（编辑管理部）
发行热线：010-67125803，010-67113405（传真）
印 刷 北京中科印刷有限公司
经 销 各地新华书店
版 次 2015 年 12 月第 1 版
印 次 2015 年 12 月第 1 次印刷
开 本 787×960 1/16
印 张 13.75
字 数 215 千字
定 价 45.00 元

《环境公共治理丛书》

指导委员会

《环境公共治理丛书》

编　委　会

总　序

生态文明建设是建设中国特色社会主义的重要内容，事关民生福祉和民族未来，党中央、国务院高度重视生态文明建设，先后出台了一系列重大决策部署，推动生态文明建设取得了重大进展和积极成效。但总体上看我国生态文明建设水平仍滞后于经济社会发展，资源约束趋紧，环境污染严重，生态系统退化，发展与人口资源环境之间的矛盾日益突出，已成为经济社会可持续发展的重大瓶颈制约。

当前，中国正面临环境与发展的新常态，即将到来的“十三五”是实现国家环境保护战略目标的关键时期，要破解发展中遇到的环境问题，既要我们腾笼换鸟，凤凰涅槃，推动经济绿色转型，更要强化国家环境治理体系顶层设计，给出中国环境治理体系和治理能力现代化的方向和路径。

中欧环境治理项目是中欧环境政策对话和欧盟中国战略文件确定的重点项目，项目由欧盟出资1500万欧元，支持中国政府在环境公共治理领域开展合作对话，环境保护部作为项目主管单位并授权环境保护部环境与经济政策研究中心承担项目管理与执行工作。项目聚焦环境信息公开、公众参与环境规划与决策、环境司法以及企业环境社会责任四个领域。旨在通过国家层面为中央政府直接提供政策支持，并在地方层面开展创新试点，从而推进中国环境治理体系和治理能力现代化。

作为中欧环境治理项目15个地方伙伴关系项目之一——嘉兴模式中的公众参与环境治理及其在浙江的可推广性项目（项目号：

EuropeAid/132-005/L/ACT/CN），由浙江省环境宣传教育中心作为项目主要承担单位，浙江大学、浙江工商大学、英国格拉斯哥大学、英国利兹大学、荷兰国际社会质量协会等作为合作伙伴。项目实施期为 2012 年 9 月至 2015 年 3 月，共计 30 个月。项目通过分析“嘉兴模式”价值、特征，建立一套公众参与环境决策过程的新机制，并将该机制在浙江省或者全国推广。在中外项目执行团队成员的共同努力下，通过中欧互访、调研、讲座、培训、研讨会等形式，加强了中欧双边的合作伙伴关系，并形成了一系列成果，推动了“嘉兴模式”的传播和推广，提交的政策建议报告也为环境保护部和浙江省地方立法作出了贡献。

项目结束之际，我们将研究成果整理汇编成 5 册，分别是：《中国环境保护公众参与：基于嘉兴模式的研究》《环境保护公众参与：“嘉兴模式”调查报告》《嘉兴模式与浙江省公众参与环境保护的机制构建》《公众参与环境保护：实践探索和路径选择》《环境保护公众参与的国际经验》。这些成果通过中欧学者的合作研究，站在国际、国内两个视角下对“嘉兴模式”进行了全方位的解读，揭示了中国特色社会主义政治体制下，如何改变政府社会管理方式，实现各社会主体之间的利益协调，通过培育社会组织建立政府部门与民间力量的有效互动机制来化解环境利益的冲突，实现政府与公众良性互动的现实途径，这为研究当下中国地方环境协商民主进程和环境治理能力现代化建设提供了范例。

由于时间仓促和水平有限，不足之处敬请读者批评指正。

编　者

2015 年 11 月

前　言

在当今中国，高速的经济发展与迫切的环境保护需要这对矛盾日益突显，并且已经成为影响经济增长和社会稳定的重大问题。这些问题不仅仅是经济管理或环境治理的技术问题，更是政府管理和社会治理的问题。从经济增长的角度看，目前我国进行产业结构调整的任务依然很重，以资源消耗与环境破坏为代价的粗放型的经济增长正在给国民经济的进一步发展带来困境。从社会治理的角度看，目前由环境问题引发的大量社会矛盾和纠纷已经成为影响社会稳定的重要因素。据相关资料，自1996年来以来全国各地环境群体性事件不断增多，年增率接近30%[①]。面对这严峻的形势，中央政府和地方政府高度重视环境治理工作，将生态文明建设提到了前所未有的高度。

在环境治理的各种途径中，鼓励公众参与被认为是解决环境污染困境的基本途径和主要手段。为此，中央各部委出台了一系列的法规与文件来鼓励公众参与。例如在2006年，原国家环保总局颁布了《环境影响评价公众参与暂行办法》，使“环境保护公众参与”的理念在政府的法律法规中得到表述。与此相关联，原国家环保总局也在2008年制定了《环境信息公开办法（试行）》，成为我国第一部有关环境信息公开的规范性文件。2009年，国务院颁布并实施了《规划环境影响评价条例》，强调要从源头上预防环境污染事件的发生。国务院在2011年印发的《国

① 《近年来我国环境群体性事件高发-年均递增29%》，载于中国网：http://www.china.com.cn/news/2012-10/27/content_26920089_3.htm，2012年10月27日访问。

家环境保护"十二五"规划概述》中，也要求各地加强环境信息公开制度的建设，积极探索公众参与环境保护的新形式。在此背景下，在2014年全国人大常委会审议并通过的《环境保护法（修订版）》中，专门设立了"信息公开与公众参与"的章节。这标志着国家以立法的形式明确了公众参与环境保护的权利。

就地方政府而言，如何强化环境治理过程中的公众参与已经成为它们所面临的直接的实践问题。面对日益严峻的环保形势，各地政府纷纷把环境指标纳入地方政府的政绩考核指标体系中，并在考核评比中实行环境一票否决制。在这种情况下，尽管各地政府所确立的环境治理的重点和实践模式可能各不相同——譬如有的把重点放在城市居住环境的整治，有的致力于强化技术设备的改进和大气监控系统的建设，也有的支持社区活动来推进环境治理的工作——但如何发动群众投入生态文明建设的活动中，并通过环境治理的公众参与来应对环境的困境，是各级政府都要面临的问题。毕竟环境治理是一项社会事业，需要各方社会组织的参与和社会各界人士的共同努力，这就使环境的议题成为社会管理研究的重要议题。

尽管各级政府在环境治理中大力倡导公众参与，但目前公众对环境治理的参与程度依旧还比较低。据2005年《中国公众环保民生指数绿皮书》显示，中国城乡公众对于环保现状感受十分明显，但参与环保活动较多的公众仅占6.3%[①]。其原因是多方面的，既有参与动机缺乏和环境意识淡薄等主观原因，也有缺乏参与机会和和民间环境组织很少等客观原因。相关资料表明，在2007—2012年间，我国环保社团在全国社团总数中只占2.5%～2.9%，2012年全国登记的环保民办非企业单位仅占民办非企业单位总数的0.15%。他们自身的独立性以及可持续发展的

①裴淑娥，左戌革，王东：《公民参与环境意识与生态文明建设现状及途径研究》，载《前沿》2010年第17期。

能力都很弱，而且在环境治理中难以发挥应有的监督作用[①]。要改变这种局面，就必须对公民进行充分的赋权，鼓励他们积极参与到环保事务中来，同时推动环保组织的发展和组织化参与（特别是非政府组织的参与），发挥其在公众参与的引导作用。只有通过多种方式提升社会组织的独立运作能力和公信力，才能真正形成多元主体共同参与环境治理的局面。

在此背景下，本研究立足对浙江省嘉兴市环境治理公众参与的实践经验，对于该模式的特点、原因、优势和弱点展开分析。在浙江嘉兴，公众对于环境污染的反映是强烈的，并发生了数次由环境问题引发的群体性事件。这种状况迫使当地环保部门探索如何通过鼓励公众的参与来形成新的环境治理办法以缓解社会矛盾。自 2008 年以来，嘉兴市开始探索公众参与环境治理的的途径，并经过几年的实践逐渐形成了以环保公众参与的“六大现象”为特征的嘉兴模式。这一模式所体现的精神是在政府支持下搭建多种社会参与的组织平台，倡导政府、企业、社会组织、社区和公民个体的共同参与，构建由多元社会主体参与的环境治理体系。“嘉兴模式”通过搭建丰富多元化的互动机制，为探索环境治理新手段提供了宝贵的经验。

基于对这些经验的讨论，本研究从社会管理的视角来阐发其对于推进中国环境治理的发展所具有的政策蕴意。这些实践的结果形成了与以往政府行政监督不同的环境治理路径。它对应对我们目前在环境监管和环境执法方面所面临的挑战提出了新的思路。目前，我国各级政府在环境治理方面面临着较大的压力，不同利益主体之间往往由于缺乏对话机制而引发冲突和群体性事件；而与此同时，我国社会管理体制中的非政府组织的自治化程度很低，公众的主体意识也较为薄弱。由此，如何实现制度化的参与，搭建不同主体之间的对话和协商机制就成为一个难

①郑国胜：《中国环保 NGO 的两种发展模式》，载《学会》2005 年第 3 期。

题。对于嘉兴模式讨论，我们希望这些经验能够为提升我国环境治理的效益有所裨益。

当然，嘉兴的经验作为社会创新的成果，其意义并不仅仅局限在环境领域，也在于社会管理方式的转型和探索新的社会治理方式上。这些年来，社会创新议题已经成为社会管理和公共管理讨论的焦点议题，在国际上有关社会创新的研究在不断拓展。特别是在欧盟国家，自 2009 年以来社会创新议题已经反映在欧盟的政策指导性文件中，并把它作为推进欧盟经济和社会发展的主要途径。这是因为在经济全球化的进展中，欧盟各国面临着不断加大的国际竞争压力，而资金、技术和人才的外流使欧盟国家所具有的传统优势正在不断削弱。这使他们倡导把技术创新、管理创新和社会创新作为推进欧洲各国经济增长的新驱动力。在中国，经济增长也在面临着发展动力不足的问题并也会影响到社会领域。政府也力图把创新驱动作为发展战略，并倡导政府管理方式由行政管理的注重点向社会治理的方向演进。

由此，近年来中国政府大力推进社会组织的建设，鼓励创新社会管理体制，改变治理方式，并在各地形成了各种创新实践。基于这一背景，公民基于圆桌会、咨询会等形式中的社会参与模式日渐流行，并出现多种提升社会治理的政策和措施。人们也力图把来自各地社会实践中的创新经验制度化，并强化公众在社会创新中的积极作用。地方政府也大力构建各种技术平台和社会网络，以便通过社会创新的途径来激发公众参与到社会管理和社会发展进程的积极性。这些平台和网络为发展社会组织保障公民权利开辟了新道路。

在嘉兴市，地方政府在环境治理中也积极以创新的方式来构建公众参与环境治理的有效途径。在这种方式中，公民所具有的权利不仅仅停留在意见的表达和交流中，而且也体现在对于环境决策过程的参与中。经过五年多的实践，这些创新活动和公众参与环境决策进程的经验正在逐渐地被制度化，形成了公众参与环境治理的“嘉兴模式”。在嘉兴模式中，参与各方的权利是通过各种组织的方式来实现的，其中社会组织的运作在推进公众参与方面起到了关键的作用。

基于这些特点，本研究针对嘉兴模式展开探讨，并希望这些讨论能够服务于我们对环境管理新机制以及社会管理新模式的探索。通过深度分析嘉兴模式这一个案，我们力图揭示该模式得以生存的政治生态以及威权主义背景下的实现公众参与的途径。这对我们引导公众参与、改变传统的政府管理方式和创新社会治理方式，能够具有一定的启发。同时，这一研究也可以缓解可能由环境问题引发的社会冲突，或者由群体性事件诱发的社会压力，能够具有一定的意义。这些经验对各级政府推进公众参与环境保护方面也具有积极意义，也能够为推动社会发展与环境协商民主建设提供一些有益的启发。

目 录

第一章　环境治理与公众参与

第一节　全球治理与环境保护

人类在工业化的浪潮中不断地征服自然，而自然也以某种方式回报人类。根据许多发达工业化国家的经验，城市化、工业化和现代化的进程也常常伴随着环境污染和生态环境条件的持续恶化。快速经济发展所带来的环境问题不仅严重影响着资源和能源的生产和分配，也严重影响着人类的日常生活，从而使环境保护问题成为一个关乎民生和社会福祉的重大经济和社会问题。因此，早在 20 世纪 70 年代，罗马俱乐部①的学者就开始倡导经济发展零增长的观念，强调把环境保护作为全球发展的指导理念，并得到了全球各国学者的广泛回应。

这些政策导向在欧盟的政策文本中得到了充分的反映。1972 年联合国在瑞典首都斯德哥尔摩召开了第一次人类环境会议。会上发表的《人类环境宣言》反映了人类对于环境问题开始了前所未有的关注。在此基础上，联合国设立了环境规划署来应对环境领域的挑战。随后，联合国教科文组织于 1972 年在巴黎召开峰会，呼吁各成员国要采取共同体立法的形式来应对环境保护问题。在 1973 年，欧共体发布了第一个环境行动计划，要求这些国家在环境政策的制订中进行协同，并在此后每隔 4～5 年就出台一个新的环境行动纲领。

在此背景下，作为最早实现工业化的欧洲各国开始制定一系列的环境保护政策，并确立了一些规范性原则和行动方案。例如欧共体在 70 年代相继发表了第一

① 罗马俱乐部（Club of Rome）成立于 1968 年 4 月，是一个从事未来学研究的国际性学术团体，也是一个研讨全球问题的全球智囊组织。该俱乐部的宗旨是研究未来的科学技术革命对人类发展的影响，阐明人类面临的主要困难以引起政策制订者和舆论的注意。这些学者积极地倡导绿色主义，并提出经济"零增长"的主张以维持人类的资源供给和消费水平之间的平衡。

个（1973—1977 年）和第二个（1977—1981 年）环境行动计划，其中确立了包括污染的风险预防原则和污染者付费等原则和政策指导文件，也以指令的形式实施了一系列防治污染的法律措施。在第三个行动计划（1982—1986 年）中，环境政策目标与共同体的经济和劳动政策进一步相结合，强调经济政策和劳动政策都必须符合环境标准。当时，尽管各国对于是否将环境政策纳入到欧共体条约的问题上仍然存在一定的争论，但是 1987 年颁布《单一欧洲法令》专门增加了环境保护的内容，并成为共同体国家确认的环境法规的基本内容①。

自 20 世纪 90 年代以来，人们对环境问题的认识和关注在不断加大，并且把理念和政策持续向前推进。1991 年，《欧洲联盟条约》（马斯特里赫特条约）将可持续发展概念引入到环境和发展议题中，把"注重环境保护的持续和非膨胀性的增长"作为欧洲各国的指导性政策目标。1992 年，在巴西里约热内卢召开的联合国环境与发展大会，提出了人类"可持续发展"的战略和新观念。参会的各国领导人在会上签署了《里约环境与发展宣言》（又称《地球宪章》）、《21 世纪议程》等多个文件，还签署了《气候变化框架公约》和《生物多样化公约》两个公约，这些公约都反映了人们在全球发展环境保护问题上所达成的许多共识。与此同时，世界银行在 1992 年将发展和环境作为当年发布的《世界发展报告》的主题，探讨了世界经济发展与环境之间的联系。1997 年的《阿姆斯特丹条约》强调欧盟对可持续发展的承诺，将可持续发展作为政策追求的目标，并把更高水平的环境保护纳入到欧盟未来经济和社会政策中。2003 年欧盟理事会制定的里斯本战略也持续地将经济社会环境和谐发展作为其核心目标（见图 1 所示）。

自上世纪 90 年代以来，各国对环境问题的规则进一步细化。作为对环境问题认识的深化和政策的倡导所达成的结果，人们对环境问题的讨论从一般的原则深入到对具体问题的研究中。事实上，欧洲各国在应对环境挑战方面已经具有非常久远的立法传统，而不断强化的环境意识更是加剧了环境保护法律法规的制定和执行。各国政府发表的与环境相关的政策声明、法律法规条文或指导意见的出台，反映了各国政府对环境治理问题的特殊关注，也反映了人们对环境相关问题的认识不断深入。例如法国从 20 世纪 50 年代开始，政府先后制定了《水资源法》《大

① 诺尔•瓦尔蒂，威尔茨•西诺•西克维奇：《从罗马到尼斯：欧洲环境法发展的历史侧面》，陈懿译，载《研究生法学》2007 年第 1 期。

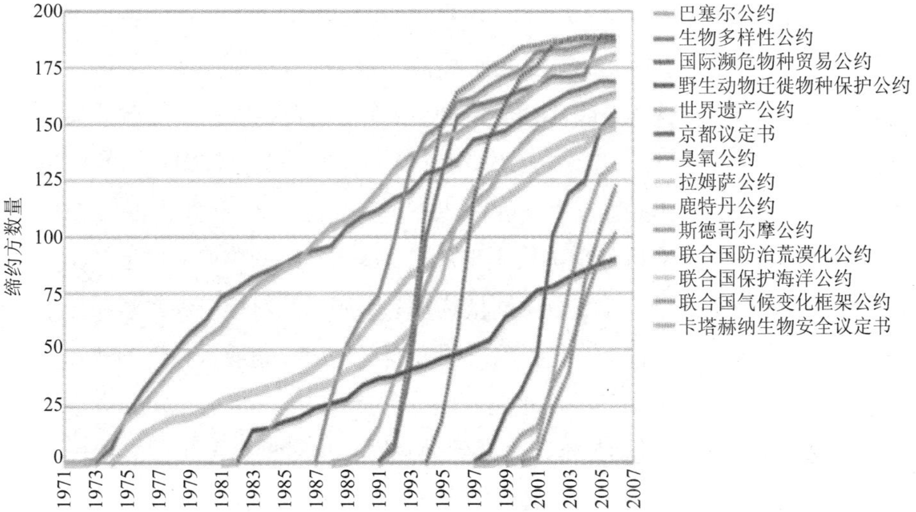

资料来源：参见联合国环境规划署.全球环境展望（GEO4 旨在发展的环境）. 中国环境科学出版社，2008。

图 1　1971—2007 年国际重要多边环境协议的批准情况

气与气味污染法》《废弃物与资源回收法》等，而 1998 年颁布的《环境法典》涵盖了环境保护的所有领域，该法案也重申了法国各项环境管理制度，包括环境影响评价、公众参与、环境信息的调查与使用、许可证管理、总量控制、废弃物的回收处理、特定化学品的禁用制度[①]。英国则在 1972 年制定了世界上第一部控制危险废弃物的法律（《有毒废物处置法》），1974 年制定了《污染控制法》，此后相继出台了《环境保护法》《水资源法》《废弃物管理法》等法律。这些法律确立了环境保护的“可持续发展”、“污染者付费”、“污染预防”作为环境法规的三个原则，并据此形成了环境影响评价体系、综合污染控制和环境管理标准[②]。在德国，环境保护在宪法中被确定为国家发展目标，并为此设立了以联邦环境部为核心的三级环保机构：联邦环境部（第一级）、联邦环保局、联邦自然保护局和联邦辐射防护局（第二级）以及州一级环保局（第三级）。

与此同时，各类国际组织也不断加强对地区和全球环境发展状况进行监督和

① 汪劲，骆建华：《法、意环境之行》，载《世界环境》2002 年第 3 期。
② 徐婷：《欧盟环境政策与环境外交》，《青岛大学硕士论文》2007 年。

评估，并形成了许多政策指导文件。欧洲环境署（EPA）1995 年出版了《杜布瑞斯评价》，该报告确定了对欧洲来说最重要的、最需要关心的 12 个环境问题，包括气候变化、平流层臭氧损耗、生物多样性减少、重大环境和生态事故灾害、土壤酸化、对流层臭氧和其他光化学氧化物、淡水管理、森林退化、沿海区域环境威胁和管理、废物减量化和管理、城市化的压力、危险化学品处置等①。2014 年，在内罗毕召开的首届联合国环境大会上形成了 16 项决定和决议，以推动国际社会采取行动，应对空气污染、非法野生动植物贸易、海洋塑料垃圾和化学品与危险废弃物的处置等主要环境问题。这些行动表明人们对环境议题的重要性的认识在不断地加深，同时也意味着人们开始注重共同努力与合作来应对普遍性的环境问题。

环境问题不仅关乎着人类社会的可持续发展，也对世界各个国家的民生状况产生了重要的影响。可以说，环境污染所造成的灾难不仅仅是全球的，也对各国民众的生活、政府的开支和社会的环境都会造成了广泛的影响，需要切实解决由于人类活动所带来的普遍性环境生态问题。基于此，各国政府开始采取积极的行动，制定相应的环境政策和法律，推行相关的政策实践来维护环境的可持续性。近半个世纪以来，环境变化给人类的健康和生活带来了深重的影响。在过去 20 多年的时间里，自然灾害每年夺去 150 万人的生命，影响 2 亿多人的日常生活，其中在遭受自然灾害影响的人口中，有 90% 生活在发展中国家。据世界卫生组织数据显示，全球的疾病和死亡的原因有五分之一可以归因于环境因素②。气候变化和海岸侵蚀使人类遭受越来越多的自然灾害。另根据相关统计，在过去的几十年里我们生存的环境已经发生了巨大的变化，尤其是大气质量、水资源环境和森林面积等都在不同程度上恶化。举例来说，过去 1 万年里大气中二氧化碳的浓度在不断提升，而地球臭氧层的破坏是全球气温变暖的主要原因，将会导致人类生活的灾难性后果③。

在我国，环境政策从上世纪 70 年代起开始进入政府的议事日程。早期，其政策制定的关注点在对污染物排放控制标准的执行，其后，议题逐渐扩展到排污收费以及行政许可制度的实施和完善，再到后来进一步扩展为环境管理标准体系的

① 干海珠：《1996—1997 年世界各地区环境行动》，载《世界环境》1998 年第 2 期。
② 世界卫生组织：《通过健康环境预防疾病——对疾病的环境负担的估计》报告，2006 年。
③ 联合国环境规划署：《全球环境展望 GEO4》，中国环境科学出版社 2008 年版。

建设。目前，政府大力倡导对于环境污染的全过程环境监控和清洁生产的倡导，环境治理的导向也由政府直接管制逐步向政府间接管制的方向演化（见图 2 所示）。这一政策理念的转变体现了政府环境治理水平的不断提高，行政部门改变了以往消极被动、事后干预的环境执法策略，并开始采取积极主动、事前干预的策略来应对不断出现的环境问题。

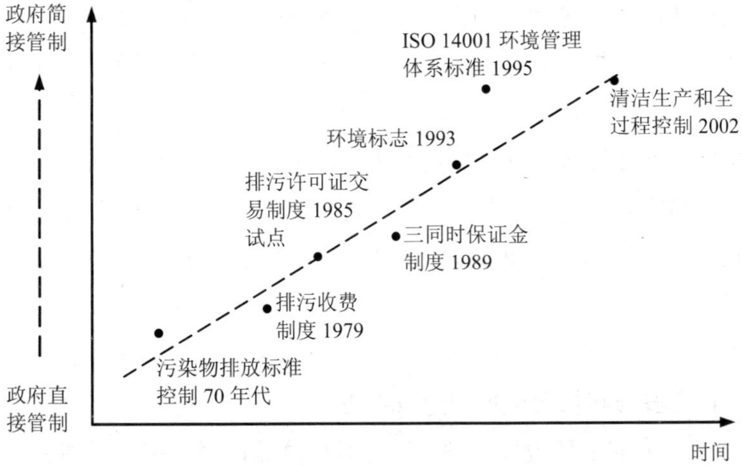

资料来源：吴荻，武春友：《建国以来中国环境政策的演进分析》，载《大连理工大学学报（社会科学版）》2006 年第 4 期。

图 2　中国环境政策发展趋势图

在环境立法层面，我国的环境立法进程始于上世纪 70 年代。1972 年中国政府派代表团参加了联合国人类环境会议。在此影响下，中国于 1973 年召开了第一次全国环境保护会议，并随后成立了国务院环境保护领导小组及各地的环保机构。在随后的二十年中，中国政府加快了环境立法的步伐。在 1979 年政府制定了《环境保护法（试行）》，此后全国人大相继制定了《水污染防治法》（1984）、《森林法》（1984）、《草原法》（1985）、《渔业法》（1986）、《矿产资源法》（1986）、《土地管理法》（1986）、《大气污染防治法》（1987）、《水法》（1988）、《野生动物保护法》（1988 年）等。在此，一个突破性的进展是 1989 年则颁布了《环境保护法》。这一法律要求各级政府将环境保护工作纳入国民经济和社会发展规划，制定国家环境质量标准，并采取相应的措施保护和改善环境[①]。20世纪90年代以来，我国也接受批准了1992年联合国里约会议提出的可持续发展战略，并制定了我国的可持续发展规划《中国21世纪议程》，其后相继修改了《大气污染防治法》、《固体废物污染防治法》、《水污染防治法》、《环境噪声污染防治法》等法律，并且还配套制定了许多地方性法规和规章。

进入21世纪以后，中国的环境立法进程更为细致和深入。这些进步可以通过以下的立法反映出来，包括2002年全国人大常委会制定出台了《清洁生产促进法》，强调清洁生产、减少污染物的发生和提升资源利用效率以便保护和改善环境。2005年我国再次对《水污染防治法》等进行修改，也制定了《可再生能源法》，并把环境保护的立法领域扩展到环境参与和环境评估等议题上。2006年，原国家环保总局颁布和实施了《环境影响评价公众参与暂行办法》，成为我国环境保护领域涉及公众参与原则的第一部法规。随后，《环境信息公开办法（试行）》（2007年）进一步规定了政府信息公开的条件、公开的主体、主动公开的范围、不予公开的情形、信息公开的监督保障措施等[②]。这使环境保护立法从技术规定和环境标准的制定向社会参与和社会治理的阶段推进。

2008年中国成立了环境保护部，统一对环境保护事务进行规划和监督，并致力于部门法律法规的制订。在此之后，环保部提请全国人大或国务院就对于环境影响评价、环境信息公开、环境行政许可等相继出台了有关法律法规，形成了《国务院关于加强环境保护重点工作的意见》（2011年）、《环境保护法》（修订案）（2014年）等相关法律规定和规范性文件。这些法律法规的出台不断加强环境信息公开和公众参与，同时强调环境的公民权利，倡导建立全民参与的环境保护社会行动体系。关于环境公民参与的有关法律条文的颁布可以罗列在下（见表1）。

回顾国际国内环境理念的发展、环境政策和环境立法工作推进的整个进程，我们可以看到这样一个图景：环境保护的理念由最初的西方发达工业化国家倡导的理念向由广泛的发展中国家及全球国际组织的政策推进，由管理和技术问题向社会治理问题推进，由全球治理讨论的议题向落实到各国的政策实践过程中推进。

① 徐振才：《浅析我国现代环境立法的历史进程》，载《中国人口·资源与环境》2008年第18卷专刊。
② 王灿发：《环境法的辉煌、挑战及前瞻》，载《政法论坛》2010年第3期。

表 1　环境公民参与的法律文件

法律法规	内容	颁布时间
《环境影响评价法 》	论证会 就环境影响召开听证会	2003 年
《全面推进依法行政实施纲要》	对公众公开 通过讨论会、听证会征集意见	2004 年
《环境保护行政许可听证暂行办法》	保障公民陈述意见、质证和申辩的权利	2004 年
《环境影响评价公众参与暂行办法》	环境信息公开 听证会	2006 年
《环境信访办法》	保护信访人的合法环境权益	2006 年
《环境信息公开办法》	环境信息公开	2007 年
《环境行政复议办法》	解决环境行政争议	2008 年
《国务院关于加强环境保护重点工作的意见》	环境保护监督、创新环境保护体制	2011 年
《环境保护法》最新修订	环境计划、政策的评估	2014 年

资料来源：由作者根据公开资料整理。

它表明人类要应对来自环境的挑战，不仅仅要采取技术手段、经济手段和管理手段，更要注重社会管理和公共管理手段。这些政策手段可以包括鼓励采用低耗能可持续的技术、通过预防和预警来应对气候变化、提高环境安全的程度以降低社会风险，也包括法律、行政法规和规章的制定等手段。通过这些技术手段的运用不断提高环境的可持续性，减少环境污染对人类生活尤其是最脆弱群体的侵害。在中国，我们也正在走入同一进程，开始把环境保护的目标从技术监管和政府管理的议题转向公众参与和社会治理。通过公众参与推进环境治理强调社会多元主体的共同参与，特别是推进环境治理的民主决策，我们才能有效回应当前我国工业化和现代化过程中的环境污染所带来的经济和社会代价。为此，推进环境治理的公共参与将是促进我国协调经济发展和环境保护，实现可持续发展的重要内容。

第二节　环境权利及其保护

进入21世纪，现代化和全球化对人们的生活带来的冲击不断加大，人们生存和生活的环境正在不断恶化，环境问题已经开始对人们的生存和生活权利造成了侵害。为了保障人们的生存权利，我们有必要鼓励全体民众积极地投入到环境治理和环境保护的社会运动中，并赋予人们各种社会权力来从事环境保护事业。同时，为了确保人们生存的基本环境条件，必须把环境治理作为重大的民生问题来看待，确保民众在环境参与和环境诉讼方面的各种权利。事实上，各国的环境立法都在不同的程度上确认了人们生活的环境权利，即人们在环境治理方面享有相关的权利和义务等相关规定。

人们所具有的环境权利可以通过以下四个方面具体体现出来：一是优良环境享有权（即环境使用权）；二是环境知情权；三是环境参与权；四是恶化环境拒绝权（即环境救济权）[①]。其中，环境享有权是指公民有要求享受优良（即健康、安全和舒适）环境最好的权利。正如《联合国人类环境会议宣言》提出的，“人人有在尊严和幸福的优良环境里享受自由、平等和适当生活条件的基本权利。”根据这一原则，每个人在享有自身福利的同时不能侵害未来一代人的环境权利，环境享有权保证了公民享有环境的普遍性，从而使其被作为一项基本人权在法律体系中确定下来。

环境使用权是指人类合法使用环境资源的权利。事实上，各国的环境立法都立足于对环境使用权的确定展开，因为只有在环境使用权的基础上才能建立环境标准、环境许可、环境开发的各种制度。它要求在公民的环境资源利用权受到不法侵害时，法律将为其提供强制性保障。环境使用权的获得一般有两种途径：无偿获得和有偿获得。前者主要针对那些非排斥性和非竞争性的环境资源，后者则主要针对拥挤性公共产品的使用，需要缴纳一定的费用才能使用。由于环境资源是有限的，应该是有价的，资源有价理念的确立有助于保障人类现在和将来世世代代对环境的合理利用，这是满足人类生存需要和经济社会发展的必要前提条件。

环境知情权是指人们对拥有环境状况的信息权，以便人们了解自身生活环境

① 林喆：《环境权：人类与社会和自然的契约》，载《学习时报》，2004年7月19日。

方面的状况。拥有环境知情权意味着公民可以了解到与自身利益相关的环境信息，同时环境知情权也意味着公民可以更好地行使对政府和企业环境行为的监督权。它确保公民在环境权利有可能损害的情况下有向有关部门请求信息公开的权利，从而就环境决策、环境管理行为对环境行政机关权力形成一定的制约和约束。环境参与权是指公民有权参与国家各类环境规划和法律的制定，以及参与环境治理的进程。其不仅包括公民参与环境保护的宣传教育和实施环境保护公益行动的权利，也包括参与环境纠纷的调解进程。确保公民环境参与权有助于减少因环境问题的利益冲突而引发社会矛盾，使各项环境法律制度得到顺利实施。同时，它也有助于建立公众监督机制，防止因行政机关的违法或不当行为引起的环境污染和破坏。

环境诉讼权是当公民的环境权益受到侵害以后向有关部门提请保护的权利。这一权利可以具体为对行政行为的司法审查、行政复议和国家赔偿的请求权，以及对他人侵犯公民环境权的损害赔偿请求权和停止不法侵害的请求权等①。保障这些环境权利能够确保公共利益，维护公民环境的权利。根据我国民事诉讼法第55条规定："对污染环境、侵害众多消费者合法权益等损害社会公共利益的行为，法律规定的机关和有关组织可以向人民法院提起诉讼"。在某种程度上个人也可以提起环境诉讼。

当然，环境权利的实现需要权利主体的积极行动，其中普通公民、企业主、社会组织以及社区等都是权利主体。要促使社会主体能够有效地真正履行这些权利，我们需要获得一些基本的前提条件。首先是要有法可依，行使环境权利的前提是要有相关的环境法律和法规支持，使人们对于环境问题的治理有规可循。其次，信息公开是公众参与环境治理的前提条件，是公众能够更多地参与到公共决策过程的前提，这有助于他们介入环境治理决策过程和政策的执行过程并提供相关意见。三是政府也要积极行动，切实保障权利的履行和执行。在此，政府一方面要强化环境的监管和提高管理成效，另一方面也要加强环境宣传教育，提升公众对环境问题重要性的认识，并通过他们积极的行为来改变环境污染状况。

在这些方面，目前中国的环境治理机制存在着种种问题。在一些批评者看来，现行的《环境保护法》在立法理念和其设定的政府环境管理思路和制度建构方面

① 吕忠梅：《再论公民环境权》，载《法学研究》2000年第6期。

很不清晰，不能够满足公众参与环境管理的需要，它与企业的环境管理要求也存在着一些矛盾。在环境管理方面，目前环境执法机构的能力建设也很不充分①。面临着人员、设备短缺和执法力量有限的种种困境，在管理中有时会出现依法执法的意愿不强烈，嫌麻烦怕惹事，不作为或无法作为的情况。有时明知企业有违法排污的行为却不去监管，放任企业的不守法行为。也有一些地方政府长期把经济发展理解为 GDP 增长，不重视环境保护和环境质量的改善，制约了环保部门的执法有效性。

要真正解决这些问题，我们既要强调环境法律法规制定的科学性，也要注重其有效执行，使环境法律法规从纸面上的规定落实到人们的实践行动中。为此，我们必须强化环境监管工作，进一步提高环保部门工作人员的素质。当然，法律制度是社会行动的结果，法律执行的效果如何摆脱不了社会利益主体之间的利益博弈和社会交换。由于环境保护议题涉及利益交换，与社会利益群体的互动方式相关，也与社会制度所能够容许的各利益相关者进行相关行动的空间大小相关，同时也与政府管理体制以及不同利益主体在这一管理体制中所起到的作用相关。如果各利益主体不能参与到立法和执法过程，那么势必会影响环境治理的成效。

因此，社会各方利益主体如何能够真正介入环境法律政策制定和执行监督的过程中就显得十分重要。尽管在环境治理问题上各国所进行的努力各不相同，其所采取的环境治理政策导向和战略也有差异，但他们在鼓励公众参与并把民间参与作为环境治理的重要部分是相同的。这就要求我们在探讨环境治理的问题上强化对公众参与议题的研究。从理论视角看，早在 1967 年的人权会议上，怀特发表的《生态危机的历史根源》一文就引发了关于环境权的讨论，为环境公民权理论奠定了理论基石。萨克斯提出的“环境公共财产”论和“环境公共信托”论也为公众参与环境管理提供了理论依据。此外，魏伊斯从信托和公平理论入手强调环境问题作为公共事务中公民的环境权利和义务（《未来世代的公正：国际法、共同遗产、世代间公平》），而乔纳森提出在环境保护中引入公众参与是一种有效的方法，其是基于市场机制和产权而不是通过中央计划和官僚控制获得公平环境政策

① 白雪：《环保法修改：小修小补远远不够》（采访中国政法大学环境资源法研究所副所长杨素娟），载《中国经济导报》，2013 年 4 月 27 日。

的有效途径[①]。

有关环境保护的理论从20世纪80年代开始转向实证研究，特别是强调从具体环境资源项目来研究公众参与的过程。例如维勒（Thomas Webler）和图勒（Seth Tuler）依据哈贝马斯的公众参与交往行动理论对森林管理决策过程的公众参与进行了评价。豪斯（Margaret A. House）在讨论水资源管理的公众参与问题时进行了研究，提出“水问题的可持续性解决需要普通公众参与水管理过程”。斯蒂尔（Brent S.Steel）则通过调查数据来检验人们的环境意识和环保行为之间的关系，皮尔（Jacqueline Peel）则检验了NGO迫使机构遵循环境法的机会，评估了增强NGO参与新的欧洲公约、公众参与决策过程和公平解决环境问题的可能性[②]。戴莉凯斯（Delicath）等人通过对美国案例的分析来描述决策机制的过程，揭示了公众参与对制定环境决策的途径和影响程度（环境决策制定过程中的交流和公众参与）[③]。列昂（Lyons）则通过对中国台湾石油化工企业的调查检验了环境问题的各项规定和环保积极主义对产业发展的影响[④]。

显然，这些研究从不同的角度涉及的关键议题，包括公众参与的现状和途径、公众参与的主体，公众参与公平性的判断标准、参与的模式，政府机构与非政府组织的互动。研究所采取的方式有个案研究、比较研究、社会行动的研究和制度分析，也有对大众参与效果的评估，认为政府应采取何种模式、途径、政策支持等使公众参与更有效才是研究的关键。在国际讨论中，一些研究从关注参与本身开始向参与的效果评估转变，集中于政府采取怎样的模式和参与方式促进参与更有效果成为当前研究的热点[⑤]，也有的研究（如Konisky）把研究团体、公民陪审团、协同的流域管理、圆桌会议等方式作为公民参与的有效途径来展开讨论[⑥]，还有的（如Fiorino）针对公众参与的五种方式，包括倡议会、公民听证会、民意调

① Jonathan.H. Free & Green. A . New Approach to Environmental Protection. Harvard Journal of Law& Public Policy，Vol.24，2001，pp123-137.

② 转引自王凤，卢春香：《公众参与环境保护的研究进展》，载《环境与可持续发展》2008年03期。

③ Delicath J.W.，Elsenbeer M.A. & Depoe S.P.（2004）. Communication and Public Participation in Environment Decision Making. Albany，NY：State of University of New York Press.

④ Lyons D.（2005）. Environmental protection in Taiwan：Is it too much too fast？ Journal of Contemporary Asia，35（2）：183-194.

⑤ 王凤：《公众参与环保行为机理研究》，中国环境科学出版社2008年版。

⑥ Konisky D. M. & Thomas C.B.（2001）. Innovations in public participation and environmental decisionMaking：Examples from the Great Lakes region. Society and Natural Resources，14（9）：815-826.

查、规则制定的协商，公民评审小组展开讨论[①]。这些理论分析都为我们探索环境保护中社会参与机制的形成和基础提供了理论依据。

在中国，关于环境保护公众参与的研究主要是从90年代发展起来的。举例来说，在一些早期的研究中，叶文虎强调公众参与是环境信息传播和流行的主要方式，并对参与办法进行了分类[②]。马晓明从博弈论角度说明了环境管制需要政府、企业和公众三方的合作[③]。徐晓明则按照成本效用原则构建公众参与函数，认为政府应该增加群众的参与效用并努力降低参与成本，才能提高公众参与的积极性[④]。昌敦虎则认为环境问题更应把握其社会性，以保证公众参与的广泛性和有效性[⑤]。这些研究从制度经济学、信息经济学等方面对环境管理、环境制度和政策方面进行多方面展开，同时也对一些具体问题（包括对于环境影响评价、水环境、环保NGO的作用）展开研究，从而推进了对环境保护参与具体过程的研究。

但是，对于环境保护公众参与讨论的驱动力既来自学者的努力，更取决于现实需要和社会所面临的环境压力。20世纪90年代以后，随着我国经济持续高速的发展，环境污染渐呈加剧之势，生态破坏的范围也在扩大。以1993年为例，中国环境污染所造成的损失已经达到1 085亿元，占当年GNP的3%以上[⑥]，我国每年因环境污染造成的损失约占GDP 的10%左右[⑦]。环境污染也给公民的生活造成侵害，往往容易造成群体性事件。近年来随着环境污染问题日渐严重，公众对环境的投诉率呈现快速增长的趋势。例如1995年全国26个省、自治区、直辖市的环保部门参与行政诉讼274起，胜诉263起。2004年来自国家环保总局资料显示，群众来信达到595 852封，来访达到86 414批，各级人大、政协环保议案达到12 532项。2012年，“010-12369”环保举报热线共接到群众来电及网上反映问题23 486

① Fiorino, D. J.（1990）. Citizen participation and environmental risk: A survey of institutional mechanisms.*Science, technology & human values*, *15*（2）, 226-243.

② 叶文虎，栾胜基：《环境质量评价学》，高等教育出版社1994年版。

③ 马晓明：《三方博弈与环境制度》，《北京大学博士论文》2003年。

④ 徐晓明：《环境领域中公众参与行为的经济分析》，载《中国人口·资源与环境》2004年第1期。

⑤ 昌敦虎，安海蓉，王鑫：《环境问题的复杂性与公众参与行为扩展》，载《中国人口·资源与环境》2004年第4期。

⑥ 郑易生，李玉浸，钱薏红，王世汶：《中国环境污染经济损失估算：1993年》，载《生态经济》1997年第6期。

⑦ 全晓书，郭丽琨：《中国环境污染带来的经济损失约占国内生产总值10%》，载http: //www.gov.cn/jrzg/2006-06/05/content_300557.htm检索，2006年6月5日访问。

次，受理 1 554 件[①]。"十一五"期间，全国环境信访 30 多万件，行政复议 2 614 件（具体数字见表 2 所示）。这些数据表明政府环境信访接待和处理工作日益繁重，直接反映了人们在环境利益上的冲突不断加剧。

表 2　全国环境信访工作情况（2005—2012）

年度	来信总数/封	来访批次/批	来访人次/次	来信、来访已办结数量/件	电话/网络投诉数/件	电话/网络投诉办结数/件
2005	608 245	88 237	142 360	—	—	—
2006	616 122	71 287	110 592	—	—	—
2007	123 357	43 909	77 399	—	—	—
2008	705 127	43 862	84 971	—	—	—
2009	696 134	42 170	73 798	—	—	—
2010	701 073	34 683	65 948	—	—	—
2011	201 631	53 505	107 597	251 607	852 700	834 588
2012	107 120	53 505	96 145	159 283	892 348	888 836

图表来源：参见 2012 年《中国环境状况公报》。

作为这一状况的发展结果，与环境相关的群体性事件时有发生。2005 年以来，环保部直接接报处置的事件共 927 起，重特大事件 72 起，其中 2011 年重大事件比上年同期增长 120%[②]。这些事件包括 2010 年松花江污染事故、福建汀江污染事件、广西龙江镉污染事件等，而其中引发群体性事件的有 2006 年厦门市海沧 PX 项目，2009 年广州番禺的垃圾焚烧厂事件等。2012 年，全国共发生 542 起突发环境事件，包括 5 起重大突发环境事件，5 起较大突发环境事件，532 起一般突发环境事件[③]。其中，四川什邡钼铜事件、江苏启东造纸事件和浙江宁波 PX 项目等事件都出现了大规模的民众"散步"、上访、车队游行等行为，引起社会的普遍关注，甚至有些地方如什邡、海宁、丽江的三起群体性事件已上升为暴力冲突（见表 3）。这些事件对环境保护方面产生了深刻的影响，而且其影响力已经大大超越了环境议题，并对社会稳定构成了威胁。

① 参见中国环保部发布的 1995，2012 年《中国环境状况公报》。
②《近年来我国环境群体性事件高发年均递增》，载《中国网》http：//www.china.com.cn/ news/2012-10/27/content_26920089_4.htm，2012-10-27 访问。
③ 参见 2012 年《中国环境状况公报》。

表 3 近年来各地爆发的大规模环境群体性事件

时间	地点	缘由	进展
2012 年 10 月	浙江宁波	反对中石化镇海炼化扩建项目	政府称该项目符合环评，承诺改造村民集聚点
2012 年 7 月	四川什邡	反对钼铜项目建设	政府决定停止项目建设
2012 年 7 月	江苏启东	抵制日本王子纸业污水排放	政府永远取消项目建设
2012 年 4 月	天津	抗议中沙公司的 PC 项目建设	政府决定终止项目
2011 年 12 月	广东汕头	抗议华电项目建设	政府决定相关项目暂停建设
2011 年 9 月	浙江海宁	晶科能源公司环境污染事件	环保部门依法对排污企业做出处理
2011 年 8 月	辽宁大连	反对 PX 项目建设	政府决定停止 PX 项目建设并承诺搬迁
2009 年 11 月	广东广州	反对大型垃圾焚烧厂的建设	政府决定停止项目建设并重新选址
2008 年 8 月	云南丽江	抗议高源建材公司的水源污染	政府对排污企业做出罚款处理
2007 年 6 月	福建厦门	反对 PX 项目建设	政府决定将 PX 项目搬迁

资料来源：作者根据公开资料整理。

然而在环境治理问题上，目前我们在应对环境问题挑战的管理方式过于单一化，环境执法也常常不能有效地执行，公民个人和社区在环境治理过程中发挥的作用还十分有限。这就导致在许多环境问题上的利益冲突常常难以协调，而社会协商的机制也没有充分地发展起来。这使许多日常的环境问题容易激发成为群体性事件并通过冲突的方式得以解决。因此，如何构建环境治理公众参与的模式，缓解当前环境事务依靠自上而下的行政管理途径所带来的负效应，推动民间环保运动的发展并形成自下而上的社会驱动力，是一个亟待解决的问题。

自 21 世纪以来，中国政府大力推进环境治理的公众参与，并为此倡导一系列的相关政策，包括信息公开、环境监督和环境宣传等。这是因为环境的公共性、环境污染的公害性和环保工作的公益性决定了公众参与环保事务的必然性。中国政府开始逐步意识到，环境治理不仅仅是政府的工作，更需要通过社会管理的方式引进社会团体和民间力量参与到政府的环境治理的实践中，为公民提供相关的参与形式和机会，并形成相应的社会组织。近年来，中央政府要求地方政府建立圆桌会、咨询与座谈会、专家评审、对话机制等[①]，通过政府与非政府组织的互动以及公众参与环境治理的进程来缓解环境矛盾。

在公众参与议题的相关讨论中，是采取自上而下的政策推进路径（即监测监察）还是采取自下而上的路径（即社会动员方式）就成为讨论的关键。在这两种模式中，中国环境事务的行政管理和监督活动以往大多沿用自上而下的方式推进。该管理方式通过设立环保部门和配备相应人员，构建了环境监管的基础网络体系，在环境监督方面起到了重要的作用。它使得各级政府可以通过行政手段来推进环境保护进程，同时通过法律的执行促使企业等主体遵守环保法律法规并积极参与到环境治理行动中来，再者，它也通过法律救济平台的搭建为民众维护自身的环境权益提供了有效的途径，提升了环境治理的实际效果。

然而这一模式也存在着许多不足：首先，环保机构的人员配置十分有限，难以有效地履行其所承担的环境监管方面的职能。这种状况常常使环保监管顾此失彼，难以对企业偷排漏排行为进行有效监控。其次，环境问题是综合性、系统性的问题，涉及众多部门和利益主体。环保部门必须处理好与众多部门职能交叉的关系，减少权责不清、相互推脱的尴尬局面。但事实上，由于环保部门相对于政府经济部门来说常常被视为是弱势部门，部门协同执法中经常面临着权威不足的问题。同时，政府管理的方式对推进公众参与环境保护具有重要作用，但政府的环境管理方式也常常限制民间组织和公众团体在环境治理方面的作用发挥。

与此相对应，自下而上的社会动员方式路径则通过强化民众的参与来提升环境治理的成效。这一成效可以从多方面来阐发：一是有助于提升民众的环境参与程度，调动民众环境保护的积极性和主动性，强化民间组织参与环保活动的动力。二是有助于政府的环境管理由政府单向度的部门管理转向社会多元主体的共同努力。三是把环境问题并不仅仅作为技术问题或管理问题来处理，也作为社会治理问题来处理，特别是因为由环境问题诱发的社会冲突常常导致社会管理问题。四是有益于提升公众环保意识。

① Beierle, T. C., & Konisky, D. M.（2000）. Values, conflict, and trust in participatory environmental planning. Journal of Policy analysis and Management, 19（4）, 587-602；陈润羊，花明：《论环境保护中的公众参与》，载《环境与可持续发展》2008 年第 2 期。

但是我们也看到，迄今为止，在推进公众的环境参与方面还存在着一些困难和障碍。从整体上说，中国环境治理顶层设计还没有成型，目前仍然依赖于自上而下的推进路径。虽然中国政府在推进环境保护公众参与方面形成了许多政策和法律文本，但是公众参与的机制建设至今仍然处在探索阶段。各地出现的一些公众参与实践仍然是十分有限的，参与的机制还十分缺乏，而且这些公众参与活动大多属于政府倡导下的参与，并非公众的自觉行动，参与的内容还十分有限。以社区参与为例，目前公众的环境参与主要集中在小区建设和垃圾分类等有限的环保活动中，这对整个环境决策过程影响很小。在公众介入环境决策的过程中，由于其获得环境决策所必需的资料和信息还十分有限，因而他们只能介入环境影响评价等环境决策的个别环节。

对于环境保护公众参与更根本的障碍在于对环保社会组织的合法性的质疑。由于环境决策包含着许多管理的、技术的和知识的要素，这使一些人质疑公众参与环境决策的合理性和合法性。例如柯林斯（Collins）和埃文斯（Evans）就提出“合法性问题”和“扩展性问题”，即有关环境问题的决策中应该由管理专家和技术专家来决策还是由普通公众来决策？他们是否具有相应的知识基础和作出合理判断的能力，就成为讨论的重要问题①。从中国目前的实践状况看，目前公民参与环境决策的程度还十分有限，对环境项目的最终决策事件影响较小，因而尚未构成对于公民参与环境决策资格的质疑。然而就政府部门而言，它们往往对民间组织作用大小及其行动的合法性存在着质疑，认为过多地培育社会力量可能蕴含着潜在的社会威胁。

同时，公众参与的障碍还在于参与的渠道和途径十分有限。在中国的环境治理中，社区圆桌会的形式是十分重要的。这些圆桌会议可以使社区内的相关利益团体（如社区居民、政府、企业代表和新闻媒体、环保 NGO 及环境专家等）为解决社区环境问题进行对话和协商②。这种沟通的渠道自 2006 年以来在世界银行和国家环保总局的推动下出现，在江苏，河北、浙江等十几个省市的社区和乡镇进行试点，圆桌会的内容涉及空气污染、绿化、水安全等多个环保话题，由于它

---

① Collins H.M. & Evans R.（2002）. The third wave of science studies：Studies of expertise and experience. *Social Studies of Science*，*32*（*2*）：235-296.

② 肖建华：《参与式治理视角下地方政府环境管理创新》，载《中国行政管理》2012 年第 5 期。

为利益相关方搭建了一个对话和协商的平台，有利于各方利益诉求的表达，在一定程度上缓解了矛盾，也通过这些利益相关方的介入对地方政府和企业的环境行为形成一定的监督和制约，使其在决策中必须考虑到公民的环境权，实现经济发展和环境保护的协调发展。但即使如此，圆桌会尚未形成有效的制度在全国层面上推进。

另外，公民对环境参与缺乏积极性也是基本障碍之一。这种积极性的缺乏一方面与我国公众的环境参与意识较差有关，他们往往很少自觉参与到环保事务中来；公众参与的效果不佳也成为他们不愿意参与或觉得参与没有作用的重要原因。另外我国公众的参与具有很强的利益导向，正如一些学者评论说，中国目前公民参与更多地体现为“污染事故型的参与”，只有当自身利益受到直接损害时，才采取媒体投诉、行政申诉、司法诉讼等方式维护自身利益①。这表明，尽管中国环境保护事业的发展在近年来虽然取得了很大的进步，公众参与的客观需求也在不断加大，但要形成相应的参与机制和推进公众的积极参与还是一个尚未达成的目标。

第三节　地方实践和社会创新

要构建公众参与机制，提升环境治理的整体水平，需要特别注重地方政府在环境治理方面的经验创新。目前，各地在环境治理实践中探索了一些新的做法，当然在不同的社会条件下，各城市所确立的环境治理重点和实践模式各不相同。有的把工作重点放在环境整治上，也有的放在环境信息公开上，或者放在通过增强社区互动来强化对周围生态环境的监督中，也有的通过支持环保组织来推进环境治理的工作，这些经验的总结和讨论并进一步探讨在其他地方推广的可能性，可以为我们构建环境治理新机制提供经验基础和事实依据。

回顾我国各省市的政策实践可以看到，各地在反思经济建设和环境保护关系的基础上，开始强调环境保护在经济社会发展中的意义。早在1998年，海南省开始实施生态省的战略，坚持不以牺牲环境为代价换取一时的经济发展，而这一战略理念在决策规划、产业发展、项目建设等方面都发生了重要影响。“十一五”期

① 裴晓菲：《日本企业实行严格自主环境管理的原因及其对中国的启示》，载《上海环境科学》2006年第1期。

间该省在环评的环节中就否决或暂缓审批 18 个与国家和省产业政策及环境功能区划不相符的项目。江苏省在“十二五”期间也在全省展开生文明建设的重点行动，将环境和民生密切联系在一起。比如江阴市发展环境信访新机制，实施网上信访公开回复，张家港市则通过三轮环保工程对河道进行综合整治，改善水环境。浙江省则在 2003 年确立生态省建设目标，并在 2008 年开展生态文明建设试点①。截至 2014 年浙江省省级生态文明建设试点达 43 个。从总体上说，这些生态文明建设的实践服务于全面建设小康社会、建设资源节约型社会、环境友好型社会目标。为了实现该目标，一些地方政府把环境保护、生态建设等内容纳入政绩考核指标体系，以改变对经济增长路径依赖和惯性思维的存在。尽管在许多地方政府仍旧追崇 GDP 增长，存在以牺牲环境换取经济增长的现象，但它们环境治理的理念正在发生变化。

本研究将以嘉兴市地方政府推进公众参与环境保护的实践为讨论对象，探索公民参与的新方式。在嘉兴市，环保局近些年来通过一系列的探索与创新，逐步创造了“多种组织引导、多条渠道拓展、多项制度保障、多方公众参与”的平台，形成了“政府引导、部门支持、市民监督”的环境保护社会凝聚力，并逐渐形成了环境治理公众参与的“嘉兴模式”。在这一分析中，本研究聚焦政府与社会民间组织、社区、企业和公民互动关系以及它所面临的困境和体系的可持续性，并试图将嘉兴模式从政策创新层面上升到社会共识并形成具有推广意义的政策模式。这一研究可以在理论和实践两方面都具有一定的意义。在理论上，可以通过嘉兴案例的分析展示在威权主义的背景下如何发展公众参与的模式。嘉兴模式的发展很大程度上依赖政府的积极推动和社会组织、企业的积极配合，对这些经验进行总结，有助于我们对经验进行比较和评估。嘉兴模式的推广和发展除了政府和社会团体及部分企业的积极互动之外，还有待于政府和非政府组织的有效参与和社区、企业、普通公民的积极参与。

同时，这一分析也可以帮助我们寻找如何协调社会矛盾和环境利益的冲突，进行社会沟通的现实途径和政策措施。正如一些研究者所说的，“基于公民权利基础上的，以保护环境为宗旨的广泛的社会运动与社会舆论，是阻止环境恶化的重

① 鲍洪俊：《发展理念的升华：从水环境治理看浙江生态省建设》，载 http://www.people.com.cn/GB/huanbao/1072/1990367.html，2003 年 7 月 29 日访问。

要力量，而且是最根本的力量”[①]。在此，以公众参与为主要内容的“嘉兴模式”或许可以提供一些经验。在我们常常在环境领域看到群体利益冲突的今天，需要寻找建立社会信任和社会团结的基础。环境群体性事件的发生既显示出公众健康意识和环保意识的增强，也反映出地方政府、企业与居民之间缺乏信任和沟通的良好机制，这种状况意味着我们在如何构建社会共识的问题上面临着不小的挑战。

嘉兴经验也使我们关注到地方政府如何在推进环境治理工作中发挥重要作用。在自上而下的环境治理体系中，地方政府常常扮演着中央指令的执行者和监督者的角色，为此人们常常批评地方政府在政策执行过程中缺乏活力和创造性。然而事实上地方政府在环境治理的过程中具有很大的能动作用。由于许多法律条款对地方政府的环境治理责任仅仅提出原则要求而缺乏具体的可操作性规定，这使地方政府在执行这些法律时具有很大的弹性。正如我们所看到的，在许多地方，随着地方政府政绩观的转变以及对环境事件中社会影响力的正视，当地政府对推进公众参与环境治理正在形成很大的内在驱动力；当然我们也看到一些地方存在着地方政府官员对环境问题的关注度不够等现象，与环保社会组织交往也很少，更谈不上密切的互动与合作。因此，研究嘉兴市地方政府在推进公众参与环境治理的工作中所取得的经验和存在的问题，可以反思地方政府在推进公众参与中如何发挥积极的主体作用。

另外，对嘉兴市环境治理经验的讨论，也能够服务于探索政府管理方式转变的需要。中国的社会治理方式的转变正在由单向度的政府管理模式向以服务为导向的社会治理模式转化。在新公共管理学的理论中，“管理”与“治理”这两个概念所强调的基本观点有一定的区别。前者强调政府对公共事务和社会事务的政府“管理”，后者强调政府通过与非政府组织的互动和协调来协同“治理”[②]。这一理念倡导国家与社会、政府与公民之间要具有良好合作，并强调社会力量对于公共事务的介入[③]。正如莫尔（Mol）和卡特（Carter）所指出的，传统的控制命令型的环境治理在今天已经不适应情势的发展需要，非政府组织和民间团体应在此过

① 郭巍青:《解决环境危机:强化公民权利是根本》,载http://news.si-na.com.cn/o/2007-01-15/ 090111002363s.sht-ml 检索，2008 年 3 月 6 日访问。

② 陈振明主编：《公共管理学》，中国人民大学出版社 2005 年版，第 82-83 页；
麻宝斌，任晓春：《从社会管理到社会治理：挑战与变革》，载《学习与探索》2011 年第 3 期。

③ 俞可平：《全球治理引论》，载《马克思主义与现实》2002 第 1 期。

程中发挥积极的桥梁作用[1]。因此在对环境治理新方式的探究中，我们要关注政府与非政府组织是如何进行互动的。“嘉兴模式”为我们寻求这些互动的有效方式和成功经验提供了一定的实践基础，这些经验将有利于提高政府管理的效率和公共利益目标的达成。

最后，环境议题是一个关系到民生状况的敏感问题，有关环境问题的决策牵扯到千家万户的切身利益，有许多环境议题也涉及公众生活质量的基本方面，例如饮用水的质量、噪音和大气污染状况这些环境领域的情况与人们的健康生活密切相关。正因如此，对于这些关乎民生的公共政策，要积极引导社会各方参与到关系到他们切身利益的事务中来，把环境保护作为一项事关全民的公益事业，依靠和发动公众广泛参与是内在的要求。公众自觉行使自身的环境权参与到环境决策监督的过程，不仅有助于实现公众对于政府工作的监督，也能够提高公众的民主意识，增强公民自觉行使环境保护的民主权利。

第四节　理论背景和研究方法

由于本研究聚焦模式界定和制度分析，因而各相关利益主体在环境治理决策进程中所起的作用就成为我们分析的核心议题。为此，这一分析将涉及多元治理理论、利益相关者理论和程序公正理论。这三个理论相互支持共同构建了本研究的理论基础。在方法论上，我们将采用制度分析和主体分析的框架作为研究的方法，定位于地方创新实践的分析而非在全国层面上展开主体分析。由此，本研究把个案研究和体系性研究相结合，通过揭示嘉兴模式经验所具有的政策涵义来展开社会体系的分析，并阐发这些经验所具有的推广性和对社会体系建设所具有的意义。

多元治理理论

环境治理涉及不同主体之间的博弈，因而其成效是多元社会主体合力的结果。为了寻求各自利益的最大化，各种社会主体（主要包括政府、企业与公众）在共

① Mol，A. P.，& Carter，N. T.（2006）. China's environmental governance in transition. *Environmental Politics*，15（2），149-170.

同的行动中要致力于寻找利益的交叉点和契合点。在传统的公共管理分析中，其分析的焦点在于政府行为。由此，在环境管理中，政府的政策取向会极大地影响环境保护的直接行动。但是，我们也看到传统强调政府管控的管理方式难以回应社会结构内部的紧张度。这种紧张度可以通过不断发生的各种环境群体性事件反映出来。当群体利益无法表达和缺少表达的渠道时，社会矛盾就会激化，导致正式和非正式社会控制同时失效。正如美国社会学家默顿所指出的，当人们难以通过合法化的手段以实现他们所追求目标时，各种越轨行为就会不断发生①。因此，要改变这种状况必须推进政府管理向多元治理的转变。

多元治理理论强调社会治理的多元化以及环境决策过程是一个多方利益博弈的过程。这一理论强调多元主体共同合作的必要性，以期待达成一种“善治”的结果。从本质上说，“善治”就是要达到政府与公民对公共生活的合作管理。因此，在新的社会管理格局中要发挥“社会协同”的积极作用。“社会协同”的主体不仅仅指各种“社会组织”，也包括各类企事业单位、人民团体和城乡基层自治组织等组织。从这一视角看，社会事务不再只是政府与各级管理部门的公务，也是整个社会与个人都需要积极参与的事，要形成多元共治的治理格局就需要有民众的广泛参与②。

由于环境是社会公共事务，涉及当地民众生活的基本利益，因而需要公众尽可能地介入，并通过政府、企业和社区、公众个体等多元主体相互协调与配合的行动方式来介入，以形成以政府为主导的多元主体合作框架。这种多元治理格局有利于缓解由于传统环境管理模式中政府单一主体能力不足而导致的治理效率低下的问题，也有利于减少因公众参与和监督机制的缺乏而出现政府和企业在决策中对公众环境权利产生侵害现象的发生，这种多元治理结构有利于社会多元主体在联合行动的基础上相互制约，为实现其目标而进行协调合作。

利益相关者理论

追求环境正义和环境民主就势必要涉及各方利益调整。在当前，各种社会群体之间往往存在着利益差别和冲突，在环境治理中要寻找调整和协调各方利益的方

① ［美］罗伯特·默顿：《社会研究与社会政策》，林聚任等译，三联书店 2001 年版。
② 青连斌：《论社会协同》，载《湖南社会科学》2005 年第 2 期。

法，就必须有利益相关者的确认和具体分析。弗里曼（Freeman）在其《战略管理：利益相关者管理的分析方法》一书谈到从利益相关者的视角来进行管理研究，就是要讨论企业的经营管理者为综合平衡各方利益而进行的管理活动[①]。在此过程中，利益相关者指股东、债权人、雇员、供应商、顾客等主体。此外，公众、社区、环境、媒体这些直接或间接影响企业经营的主体也会对企业活动造成或大或小的影响。

为了更进一步认识利益相关者的构成，许多学者对其进行了具体的分类。例如弗雷德里克（Frederick）则将其分为直接和间接利益相关者。直接利益相关者是与企业直接发生市场交易关系的利益相关者，包括股东、企业员工、债权人、供应商等，间接利益相关者则是与企业发生非市场关系的利益相关者，包括中央政府、地方政府、社会活动团体、媒体、一般公众等[②]。弗里曼从所有权、经济依赖性和社会利益三个不同的角度来归纳分类，惠勒（Wheeler）则将社会维度引入分析中，将利益相关者分为首要的社会性利益相关者，次要的社会性利益相关者，以及首要的非社会性利益相关者，次要的非社会性利益相关者。米切尔（Mitchel）根据合法性来分析利益相关者，以及克拉克森（Clarkson）根据相关群体在企业经营活动中承担的风险的种类来展开分析[③]。这些基于企业经营的分析往往首先关注股东权益，并随后扩展到更为广泛的利益相关者。

在公共管理问题的分析中，利益相关者理论倡导社会事务的公共决策进程兼顾相关各方的利益。它把政策制定进程看成是各方利益讨价还价的过程，最终的决策就是各方利益较量的结果，这种结果要能够为大家所认同就必须尽可能地让所有主体都加入进来。为此，搭建制度化的表达机制，让各利益相关者能够表达他们的意见，并能对决策进程产生影响，就成为利益相关者分析的关键。

就环境治理来说，利益相关者不仅包括政府部门，也包括社会组织、周边的

① [美]弗里曼：《战略管理：利益相关者方法》，王彦华，梁豪译，上海译文出版社 2006 年版。

② Frederick, W.C., 1988, Business and Society, Corporate Strategy, Public Policy, Ethics(6thed.), McGraw-Hill Book Co.

③ 付俊文，赵红：《利益相关者理论综述》，载《首都经贸大学学报》2006 年第 2 期。

社区居民等[①]。利益相关者理论主张实现不同多元主体间不同利益诉求的相互平衡，减少利益冲突[②]，因此政府的环境治理工作不能仅仅局限在政府本身，也必须依靠社会组织、民间团体和居民通过互动达成环境治理目标的实现，并将分析的核心问题聚焦在谁是利益相关方，关注利益主体在政策制定过程中的驱动力和方式手段，以及社会效果、各方实现沟通和合作的机制、途径等等。

程序公正理论

公正和正义一直被视为人类社会的美德和崇高理想。要实现社会公正，程序公正是一种基本要求也是实现社会公正的手段。对此，罗尔斯在讨论社会公正问题中区分了实质正义、形式正义和程序正义三种形式。他认为，程序正义（procedural justice）是介于实质正义与形式正义之间的一种东西，它所要求的是在制定和适用规则过程中的程序正当性，具有纯粹的、完善的和不完善的三种程序正义形式[③]。针对程序正义问题，美国学者泰勒认为评价某一法律程序是否公正有“六项”价值标准，即“程序和决定的参与性；结果与过程的一致性；执法者的中立性；决定和努力的质量；纠错性；伦理性”[④]。戈尔丁则进一步细划了程序公正的内容，提出了与自己有牵连案件的法官要回避，纠纷解决者不应有支持或反对某一方的偏见，纠纷解决者应听取双方的辩论和证据，并只有在另一方当事人在场的情况下听取对方的意见等等有关程序的规定等[⑤]。

程序公正是人们对法律制度具有信心的基本前提，因为公正的程序可以让人们觉得他们的利益是可以受到保护的。蒂博和沃克（Thibaut & Walker）指出，程序公正性的差异会影响到个人对某一项程序的态度与行为，例如增加程序公正性

① Madsen，H.，& Ulhøi，J. P.（2001）. Integrating environmental and stakeholder management. Business strategy and the environment，10（2），77-88；Verbeke，A.，& Tung，V.（2013）. The future of stakeholder management theory: a temporal perspective. Journal of Business Ethics，112（3）：529-543；Helina，S.，Jensen，T.，&Sandström，J.（2013）．“Like a battalion of tanks”：A critical analysis of stakeholder management. Scandinavian Journal of Management，29（3）：209-218.

② Mitchell，A.&Wood，D.，1997，/Toward a Theory of Stakeholder Identification and Salience：Defining the Principle of Who and What really Counts，Academy of Management Review22（4）：853）886；张卓林：《基于利益相关者理论的合作治理机制探析——以太湖水污染防治政策为例》，青岛大学硕士论文，2012 年。

③ J.Rawls. A Theory of Justice，Revised edition，Oxford：Oxford University Press，1999.

④ Tom R. Tyler，What is procedural Justice，Law and Society Review，Vol.22，1988.

⑤ 马丁・P・戈尔丁：《法律哲学》，齐海滨译，三联书店 1987 年版。

有助于产生可以提高结果满意度的态度与行为[①]。换句话说，如果进行裁决的程序是公平的，那么即使个体得到了不利的结果，他们对这项结果也会持比较肯定的评价。这一理论在法学研究中被普遍的运用，也被运用于一些跨国公司的研究。这些研究强调了程序公正不仅对人们行为本身的意义，而且对赢取社会公正也十分重要。

在有关环境参与的研究中，人们通过获得参与环境决策过程的权利并以制度化的方式来参与，这是确保民众环境权利的途径。在此过程中，确立程序公正十分重要。由于介入环境进程相关的各方利益主体的不同，确保信息公开法律制度、听证制度、公众参与环境影响评价制度、环境纠纷的处理制度以及环境公益诉讼制度等法律法规的执行并具有程序公正性，就成为保障公民参与的关键问题。根据程序公正理论的假设，社会公正的取得不仅仅要通过法律法规的制定，也要取决于相关法律法规的实施和执行，例如在涉及社会各方利益的大的项目前，必须邀请公众参与环评获得通过后项目方可开建。同时，在环境公益诉讼制度中，也要严格执行相关的程序规定，对于民事公益诉讼主体资格、可诉范围及告知程序、诉讼请求、费用承担规则的相关规定要严格执行。这些原则要体现在一系列的制度建设上，包括前置程序之设定、援助机制的建立等内容。

值得一提的是，在欧盟国家的环境保护公众参与的机制中，政府对公众参与环境治理进程的相关程序规则在各个方面都做了较为具体的规定。这些规定涉及以下方面：（1）信息获得。政府的环境决策必须建立在准确的和有效的信息基础上，公众也要能够获得同样的信息。例如欧盟法令 90/313/EEC 就要求保证公众可获得有关环保信息，而欧洲环境署（EEA）也要定期发表环境状况报告。（2）参与咨询。在欧盟层面上，欧洲环境与可持续发展论坛由来自于企业、消费者、社团、专业机构、环保组织以及地方和区域的 32 个代表构成，也有相关议题的对话小组商讨环境问题，使其政策更贴近公众。（3）政策评议。欧盟的相关委员会要确保 NGO 组织和个人能够有权利了解法院处理环境案件和环境法执行的情况[②]。欧盟的这些要求，在一定程度上保障了公民的环境知情权、参与权和监督权。

---

① Thibaut，J. and L. Walker. Procedural justice：A psychological analysis[M]，Hillsdale，NJ：Erlbaum Associates，1975。

② 陈光伟，李来来：《欧盟的环境与资源保护——法律；政策和行动》，载《自然资源学报》1999 年第 3 期。

当然，尽管程序公正理论主要是一个法学理论，但我们也可以把它借用到社会管理和社会分析中。在环境保护方面，程序公正的要求可以体现在决策过程中公民对环境治理各个环节的参与，包括预案参与、过程参与、末端参与、行为参与。按照这些要求，我们在制定环境政策、法规、规划或项目可行性论证时需要征询公众意见；在法律法规和政策实施过程中也要随时听取公众意见，接受监督；末端参与则要求在环境纠纷的处理中要充分听取公众的意见和要求。确保这些环节能够恰当和公正地被履行和推进，公众参与就成为一个基本的保障机制。

研究方法：主体分析和制度分析

主体分析和制度分析是两种基本的社会分析方法。前者强调行动者的动机、意愿和诉求以及行动手段等，后者则强调制度规范的强制性以及制度供给、制度功能等，在对公众的环境参与问题的研究中，这两种分析方法是可以互补的。

在我国由于经济结构、利益结构和社会结构的变化，群体利益的一致性基础被打破呈现利益主体多元化的特征，因而在社会结构分析中，主体分析方法经常被作为一种基本方法。主体分析要求挖掘社会事件背后的利益根源，承认不同群体之间的利益差异，根据在社会关系中的地位中来对利益格局进行分析，尤其多元主体的行动方式和手段将成为其分析的重点，同时要考虑到群体内部以及群体之间共同利益和公共利益的存在，强调通过利益协商来实现不同利益主体行动之间的协调和合作，这使得不同主体之间的互动关系将成为分析的重点。

在环境治理领域中，主体是指制定和实施公共政策的责任承担者或行动者。它既可以是政府、企业、公民，也可以是社会组织。主体分析所要解决的问题是社会各方利益群体是如何在社会行动中实现利益表达的，其资源动员的方式和能力如何，各方之间所存在的制度性联系怎样以及它们通过怎么样的方式进行互动交流。由于存在委托—代理关系和利益差异，信息不对称问题以及社会组织行为的正式规范与非正式规范之间复杂的相互作用，不同的社会主体在行动中会表现出不同的行为选择。因此，主体分析可以为我们研究公众参与的驱动力和互动关系提供很好的说明。

制度分析方法作为一种方法论，在经济学、政治学和社会学中被广泛使用。制度是社会进行博弈的规则，是制约人们行为的约束条件，也是社会的一种“共同秩序”[①]。这些界定都从不同的视角强调了制度的规范性和约束性意义（以及某种程度上的强制性）。基于此，制度分析在方法论上强调群体行动的规范所具有的力量，在研究对象上重点考察制度演进，关注社会环境动态变化中的制度变迁，在研究内容上强调制度要素与环境、社会现象之间的互动。它不仅考虑“经济因素”和“非经济因素”的影响，还注重把诸如法律、政治、社会意识形态等方面的因素纳入分析变量中。

因此，在社会分析中，制度变迁常常强调制度演化所具有的“路径依赖”性质。这种分析要求我们在政策和制度选择的过程中，要把制度发展与制度改革结合起来，即不仅关注制度特点、制度变化的过程和制度所能发挥的功能的分析，同时关注制度变革、社会环境和社会现象的互动，强调制度之间的优劣比较以及制度创新，以实现制度供给与社会需求的协调。

制度分析与主体分析（利益群体的分析）并不是分割的，而是存在相互关联的，它要求我们考察利益集团的利益如何转变为政策和制度，但制度分析与主体分析（利益群体分析）又有一定的区别。制度分析可以说明体系的合法性，体系改革的必要性和体系的阶级基础，也与其他各种政治经济制度发生联系，而利益群体的分析则关注政治行动者或经济活动者及其所起的作用。另一方面，制度分析关注在具体的制度安排上，特别是制度如何确保个人自由、公民权利、市场经济、公共经济、自主治理、有限政府、宪政法治与民主制度等原则，而利益群体的分析则把制度看成是一个利益博弈的过程等。总体来说，主体分析和制度分析都关注利益群体在社会行动中的博弈，因而这两种分析方法是相通的或相互关联的。主体分析（利益群体分析）从动态的方式来表达这个社会主体之间的联系，制度分析则是利用静态的方式来反映各社会主体之间的制度化关系。因此，在环境保护问题上，我们应该综合这两种方法，从动态和静态两个方面来考察环境治理的进程。尤其是考察环境治理进程中的地方创新问题，我们既要考察环境保护和可持续发展的基本驱动力，也要说明制度建设的问题，即通过怎样的制度途径来确保人们在环境保护参与中具有更多的能动性，更适当的公民权利，更有效的运作方式和更为积极的实践成果。

在本研究中，我们将从这两个方面入手，即对嘉兴市环境治理公众参与经验

① 道格拉斯•C•诺斯：《制度、制度变迁与经济绩效》，格致出版社 2008 年版。

展开主体分析和制度分析。我们将深入考察各种社会主体在这个过程中所起的作用，也对于环境保护公众参与的机制提供经验和各种制度创新的要素进行评估。这些机制可以包括知情机制、表达机制与监督机制、诉讼机制和环境结社机制，也包括群众举报制度、信访制度、听证制度、环境影响评价公众参与制度、新闻舆论监督制度等公众参与制度。通过这些研究，我们力图探索嘉兴经验的可复制性和可推广性，以便提升本研究的社会创新意义。

第二章　嘉兴模式辨析

第一节　嘉兴模式形成的背景

嘉兴市是长江三角洲及京杭大运河沿线的重要城市之一，该市位于浙江省东北部、长江三角洲杭嘉湖平原，地处上海、杭州、苏州三座江南名城的中间位置。全市面积为 3 915 平方公里，下辖海宁、桐乡、平湖三个市，嘉善、海盐两个县，以及南湖、秀洲两个区和嘉兴港区和经济技术开发区（见图 3 所示）。2013 年，

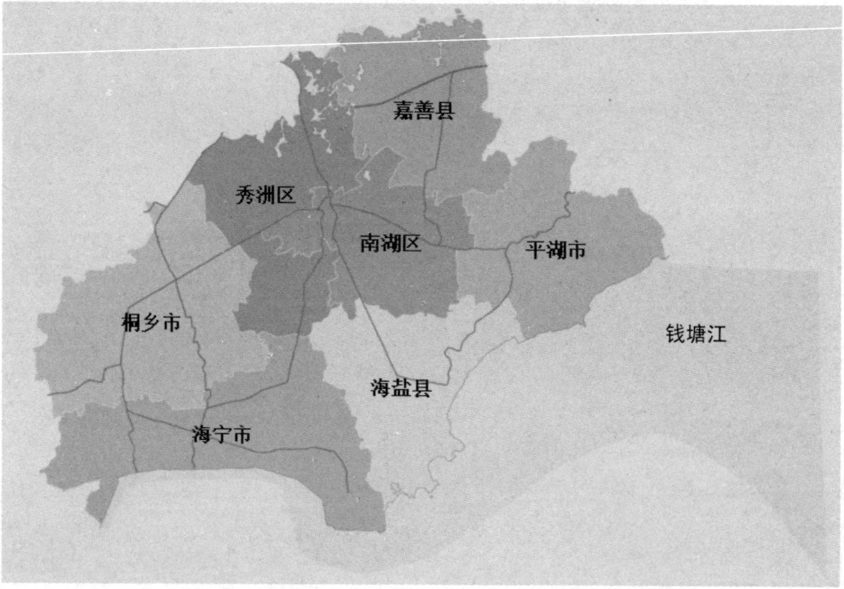

图 3　嘉兴市行政区划图

嘉兴市区常住人口为 455.8 万人，国内生产总值达到 3 147.6 亿元，经济总量位于全国城市前 50 位。从产业结构来看，嘉兴市第一产业的产值占全市经济总产值的 4.9%；第二产业（工业产业）占比为 54.9%；第三产业（服务产业）占比为 40.2%。按常住人口计算，嘉兴市 2013 年的人均生产总值达到 69 164 元（约合 11 169 美元，已经步入中等发达地区）的行列[①]。这些数据表明，嘉兴具有优良的经济基础和经济发展水平。

然而，在经济发展的过程中嘉兴市也面临着环境污染问题。由于政治因素和地缘因素的双重影响，嘉兴市的经济发展空间和产业结构调整在很大程度上受到上海市的制约。在上个世纪 90 年代末期和 21 世纪初最初五年中，嘉兴有很大一批企业是在上海产业调整中外迁过来的。这些来自上海的淘汰产业，主要是那些在化工、黑色或者有色金属冶炼、非金属矿物、造纸、印染等高能耗、高污染产业领域中的企业。这给嘉兴的环境问题带来了很大的负担，在应对企业废水废气的排放、垃圾废物的回收处理、环境维权案件的日益增多等方面任务繁重。另外，由于地处上海、苏州、杭州这一三角地带的洼地，嘉兴市常常成为这一地区污水排放的沉积地。这使水源质量差一直是嘉兴环保工作的突出问题，水质污染状况十分严重。如 2005 年嘉兴市环境状况公报显示，嘉兴市地表水断面水质类别中，劣五类水质所占的比重高达 72.13%（见图 4 所示）[②]。全市的空气质量状况也不容乐观，2006 年全年空气质量优级天数仅有 13 天。

针对严重的环境污染问题，一些市民开始自发地行动起来表达他们对于环境的诉求。这些行动突出地表现在以下两个案例中。一是零点事件。2001 年 11 月，嘉兴市秀洲区发生了王江泾筑坝截污事件。当时居住在嘉兴市王江泾镇附近的 300 多名群众用 28 条水泥大船沉船封堵了当地的水道以此维护自身的环境权益。造成这一事件的原因是来自于上游的大量印染污水长期污染这一带的养殖水域，造成历年的死鱼损失高达上千万。王江泾镇的农民为此多次上访投诉但始终没有结果。为了抗议这一 10 年未解决的水污染问题，农民自发集资 100 万元，除了自沉 28 条大船，还动用 8 台推土机运送了数万只麻袋，切断了航道，并打出了“还

① 嘉兴市统计局：《2013 年嘉兴市国民经济和社会发展统计公报》，载 http：//www.jxstats.gov.cn/web/Viewpage/XX.aspx？id=3516&type=11，2014 年 3 月 12 日访问。

② 嘉兴市环境保护局：《2005 年浙江省嘉兴市环境状况公报》，载 http：//www.docin.com/p-221821370.html，2011 年 6 月 18 日访问。

我一河清水，还我鱼米之香”、“富了几个老板，苦了千千万万”的大幅标语[①]。这一事件还引起了中央领导的高度重视，后来被民间称为“零点行动”。此次环境群体性事件强化了嘉兴市民的环保意识，并意识到参与环境保护的迫切性和重要性。

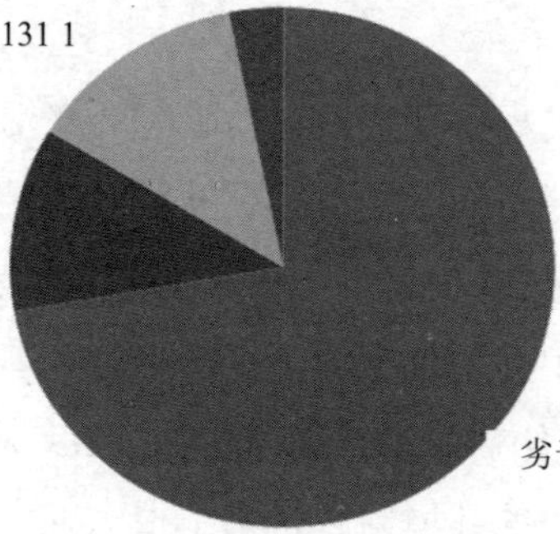

数据来源：《2005 年浙江省嘉兴市环境状况公报》。

图 4　2005 年嘉兴市地表水断面水质类别百分比

二是独山港信访投诉事件。嘉兴市独山港镇地处杭州湾北岸，位于滨海工业园区内。由于污水管网铺设进度滞后，一些水污染企业未能入网排放。而且，一些工业废物如服装、箱包边角料等无统一的定点存放场所，拾荒人员在挑拣完有用的物品后点火焚烧造成投诉。此外，由于拆迁不够彻底，居民区中混杂着商业、饮食、服务、文化娱乐、加工生产等多种行业，产生了油烟、噪声、烟尘、污水等多重污染。也有一些居民住房四周都是工业企业，受到企业在生产过程中污染物排放的影响，从而引发了大量的信访投诉。

针对这些问题，嘉兴市环保局从 2001 年开始加强在污染源治理上的长效管理，并逐步加大生态环境基础建设的投入。为了加强环保能力的建设，嘉兴市也通过采取市场化融资、专业化运营、社会化监管的方式，先后建立起十几座集中式城镇污水处理设施和城乡结合的纳污管网。与此同时，嘉兴市还逐步扩大以农村养殖污染防治为重点的面源污染防治工作，促使生态建设和水污染防治工作逐步实现“三个

①《嘉兴“民间零点行动”昨夜悲壮行进》，载于杭州网：http: //www.hangzhou.com.cn/20010825/ca52721.htm 检索，2001 年 11 月 22 日访问。

转移”，即污染防治由末端治理向源头治理转移、由点源治理向集中治理转移、由单纯治理向社会化综合防治转移。尽管如此，嘉兴市政府在环境治理的工作中仍然面临着很大的压力。特别是嘉兴所面临的水源地水质差等问题一直难以解决，严重制约着本地经济的可持续发展。例如，在 2008 年，嘉兴市的地表水质量在浙江省各个地级市中排名倒数，老百姓对于政府环境保护工作的意见很大，这使环保工作者面临来自社会舆论和上级考核的双重压力。

虽然强化环保监督和执法工作的需求很大，但环保部门的执法人员却十分紧张，难以完成不断增加的工作任务。以嘉兴所属的平湖市独山港镇为例，平湖市环境监察大队黄姑中队在编人员为 4 人，但随着独山港镇大量重点企业的落户，监察队伍远远不能满足高额信访量的调处。同时，在环境治理的硬件设施上的投入不足也会使信访调解处理的难度加大。例如由于现场环境执法人员缺乏相应的快速应急检测设备，致使执法人员在始发点难以准确查找异味污染源，难以对异味气体进行有效收集和检测。在管理上，由于各地在环保方面所面临的问题不一样，工作量差距很大，信访受理量差距悬殊。另外，由于责任主体不明确，环境保护任务的分解不细，缺乏针对性，不能适应现实需要。而在环境管理中由于许多与之相配套的规章制度尚未正式建立，环保所内部管理和业务处理也没有统一的方法和标准，环境监察任务的执行存在一定的随意性。

在这种压力下，嘉兴市环保局开始在环境民主创新方面做出了一些有益的尝试。这些努力首先体现在法制建设上，嘉兴市先后制订了《嘉兴市环保志愿者服务队工作章程》《嘉兴市民环保检查团组织管理办法》等文件，鼓励志愿者和民间力量加入到环境保护的工作中去。同时，环保部门也形成了定期监督、定期例会、定期活动和定期讲评的“四定”制度，实施了环保部门新闻发言人制度，及时向社会公开环境信息、公示环评结果。嘉兴市环保部门也联合市公安局、市检察院、市法院等相关部门参与制订实施了《嘉兴市环境污染举报奖励办法》《嘉兴市环保信用不良企业公示管理办法》、《嘉兴市企业环境行为信用等级评价实施办法》、《嘉兴市民参与环保专项行动宣传办法》。这些制度性文件有利于发动群众积极参与环境治理，并对环境信用不良企业进行了有效的监督。

其次是建立健全了企业环境信用评比体系和企业环境监督员制度。嘉兴市环保部门对于企业环境信用行为好坏进行等级评比。在评比中，企业的环境信用被分为“很好”、“好”、“一般”、“差”、“很差”5 个等级，依次对应“绿色”、“蓝色”、“黄色”、“红色”、“黑色”5 种颜色（具体标准见表 4 及其注释）。评上“蓝色”甚至“绿色”的企业要求两年内没有环境违法行为和投诉，而且在减排方面也符合国家的相关规定。在 2009 年，嘉兴全市给 265 家企业“上色”。其中，5 家企业被挂了“黑”牌和“红”牌，52 家企业被挂“黄”牌，208 家企业因评价情况良好而挂上了“蓝”牌和“绿”牌。这些“绿色”等级的企业不仅可以优先申报环境友好企业、优先安排环保专项资金，而且在企业申请上市或再融资等方面可以享有程序减免和优惠政策。2010 年，在全市 282 家企业中，有 25 家达到“绿色”等级，“蓝色”等级 183 家，“黄色”等级 51 家，“红色”等级 17 家，最差等级“黑色”企业 6 家。随后，在 2012 年度企业环境信用等级评价中，全市 369 家企业中，绿色 61 家，蓝色 166 家，黄色 104 家，红色 27 家，黑色 11 家。

表 4　嘉兴市企业环境行为信用等级分类标准及指标评价体系

一级指标	二级指标	分值
一、污染控制		30
达标排放	1．废水达标排放	6
	2．废气达标排放	6
	3．噪声达标	6
	4．固体废物综合利用	3
	5．危险废物安全处置	3
总量控制	6．及时申领排污许可证，参加年检	1
	7．凡持有排污许可证者的，不超过许可量排放；未发放许可证的，不超过环评批复要求排放	2
	8．完成污染物排放年度减排任务	2
	9．地区实行初始排污权有偿分配的完成初始权申购	1
二、环境管理		25
环境管理工作	10．制订应急预案，并组织落实	3
	11．遵守辐射管理规定	2
	12．按期、如实进行排污申报	2
	13．按期足额缴纳排污费	2
	14．按期、如实上报环境统计数据	2
	15．排污口规范化管理	2
	16．建设项目实行“三同时”制度	2
	17．按要求建有在线监测监控设施	2

一级指标	二级指标	分值
环境管理工作	18．企业各项环保台账齐全、管理规范	1
	19．落实环保机构、人员、制度，a、有完备环保管理制度并落实责任制；b、设立环保专管员并执证上岗；c、环保设施操作人员持证上岗	3
环境管理体制	20．清洁生产审核	2
	21．ISO14 001 认证	2
三、环境行为		35
遵守环保法律法规	22．因环境违法行为受到行政处罚	10
重要环境违法行为	23．以逃避环境监管为目的排放方式排放废物	2
	24．污染防治设施擅自拆除或闲置或污染防治能力严重不足（小于 90%），造成超标排放的	2
	25．擅自新建、扩建、改建建设项目，建设项目未经环保验收或经环保验收不合格擅自投入生产	2
	26．某一违法行为，责令限期改正，逾期仍未改正的	2
	27．限期治理任务未能按期完成	2
环境污染事件	28．不发生因环境污染或破坏行为造成的环境污染事件	15
四、环境影响		10
群众投诉或环境污染纠纷	29．经环保部门查实，确因环境污染造成群众投诉	5
	30．经环保部门查实，确因企业污染物超标排放等影响周边环境的行为发生环境污染纠纷	5

备注：综合评价得分达到 85 分以上（含），评定为好（绿色）；综合评价得分达到 75 分以上（含）85 分，评定为较好（蓝色）；评价得分达到 60 分以上（含）75 分，评定为一般（黄色）；综合评价得分达到 45 分以上（含）60 分，评定为差（红色）；综合评价得分达到 45 分以下，评定为很差（黑色）。

资料来源：嘉兴市环境保护局。

环境信用评价体系的建立给企业的环境行为给予客观、公正、专业的评价提供了一个综合平台。企业环境信用进行综合评价定级制度能够向社会公开各个企业遵守环境法律法规政策等方面的情况，为发挥公众参与和社会监督的作用提供了渠道。它有利于化解因污染问题引发的环境纠纷，可以激发企业环境保护的内生动力。与此同时，嘉兴市环保部门也按照环保部的要求，在全市范围内尝试建立环保监督员制度，设立了企业环境监督员来监督企业实施环保工作计划和规章制度，检查企业污染情况和存在的环境安全隐患，掌握企业排污情况，并对企业污染减排计划的实施提供相应的支持。这项制度的建立也有助于提高企业的自主环境管理水平，增强企业的环境守法和社会责任意识，推动企业主动承担环境保护社会责任，促进企业规范环境管理和企业自律，也有助于政府规范企业的环境行为。

第三，在环境管理和监督方面，嘉兴市环保部门从2009年开始加强环境执法和监督的力度，强化环境公益诉讼相关制度。环保部门邀请市民代表参与环境执法检查和现场处理的全过程，提升环境违法事件处置的透明化程度。同时，环保部门被要求虚心接纳公众的投诉以及对环保工作提出的建议，公众评议的议题包括环保部门执法人员是否公正、正确地运用权力，是否公开办事程序、办事制度，是否把各项环境保护政策真正落到实处。这对于化解环境纠纷、提高环保信访工作的满意度都具有重要的意义[①]。这些举措增进了社会各界与环保部门和环保执法人员的关系，提升了环保部门执行有关环保工作的方针、政策、法规的有效性，并对有效地完成地方重点环境治理任务提供了群众基础。

第四，嘉兴市政府大力推进普通民众在环境活动中的参与。从2010年开始，嘉兴市开始推进各种公民参与环境治理的社会实践活动，这些经验的积累逐渐形成了当地在环境治理公众参与的一些独特做法。特别是在整治当地的水污染环境问题上，当地政府强化了环境监测工作，采取了咨询、听证、评议等方式来发展协商民主。嘉兴市环保部门举行项目审批“圆桌会”，动员市民专家建言献策，召开了由市民专家代表、“两代表一委员”和新闻媒体记者参加的环境规划评审会、建设项目论证会，行政执法通报会和治理方案恳谈会等。这些做法逐渐改变过去的“官罚民担”为“民评官纳”， 让群众对环境公共事务具有发言权，让市民真正参与到环保审批、环保执法、环保监制等的工作过程中以确保公众参与权利的真正行使。

嘉兴市的这些环境治理方面的实践经验被一些媒体称之为公众参与的“嘉兴模式”，引起了社会的广泛关注。2010年以来，《人民日报》和新华社等媒体曾对这一模式进行了宣传报道，认为嘉兴市赋予市民在参与环保监督过程中的否决权是全国首创[②]。《中国环境报》从公众如何参与，公众参与的力量有多大，公众参

① 嘉兴市环境保护局：《关于进一步加强环保公众参与工作的若干意见》，嘉兴市环境保护局第179号文件，2011年10月。

②:《“嘉兴模式”：不让公众参与环保走过场》，载《人民日报》：http: //news.qq.com/a/20101125/000733.htm，2014年11月25日访问。

与的瓶颈如何化解等方面专门解读了环境保护公众参与的“嘉兴模式”①；“中国网”重点报道了嘉兴模式公众参与平台的建设机制，认为这一机制可以促进政府从环境管理向治理的转型，从政府单方面管制向多元、合作、开放转变，为我国向“小政府、大社会”转型提供了很好的范例②。“浙江在线”则重点报道了嘉兴模式中的“圆桌会”模式，这一模式具体包括举办市民环保论坛、企业环保论坛和县（市、区）委书记环保专题访谈等内容，展现“取之于民、听之于民、问之于民”群众路线③。通过上述新闻媒体的报道可以看出，嘉兴模式在鼓励公民通过各类社团组织参与环境治理工作方面具有独特的优势。

第二节　嘉兴模式的基本内容

嘉兴模式是通过环保部门支持的民间环保组织的参与和介入环境事务而推进的。它具有“政府引导、部门支持、市民监督”的特点，并通过“多种组织引导、多条渠道拓展、多项制度保障、多方支持公众参与”等途径来形成环境保护的社会共识。从制度特点来看，这些实践具有以下特征：

首先，嘉兴市环境保护部门与企业建立起了十分密切的互动关系。在这一模式中，嘉兴市环保联合会中的市民检查团不定期地对企业的污染状况进行监督和检查，专家服务团为企业提供环境治理和污染处理的技术支持和人员培训。这些团体与企业的互动为企业提供了与政府、与公众进行直接交流的渠道和平台，使公众能够真正参与和理解企业的环保行动。它有助于使企业的生产经营行为取得公众的支持，消除由于信息缺乏或失真而引起的公众对企业的误解。这种误解的消除对一些涉及地区经济社会发展的重大项目的顺利推进是十分必要的。

其次，通过参与保护环境的活动，环保部门也与公众形成了密切的合作关系。嘉兴市环保局的环境宣讲活动得到了市民的大力支持。市民通过嘉兴市环保局官方微博与环保部门进行线上互动，这种方式可以保障民情民意及时传达到政府职

---

①《从旁观者变成一支主力：解读环境保护公众参与“嘉兴模式”》，载《中国环境报》：http://www.cenews.com.cn/xwzx/zhxw/ybyw/201110/t20111018_706928.html，2014 年 10 月 19 日访问。

② 焦梦：《环境治理公众参与嘉兴模式可向全国推广》，载 http://www.china.com.cn/news/shehui/2014-04/18/content_32138803.htm 检索，2014 年 4 月 18 日访问。

③《专家学者充分肯定嘉兴公众参与环保工作的探索和实践》，载浙江在线：http://china.zjol.com.cn/system/2013/12/31/019787325.shtml，2014 年 10 月 19 日访问。

能部门，提升环境保护工作的效果和效率。由此，市民的环保意识和以前相比有了大幅度的提升，部分市民甚至亲身参与环保活动、自觉宣传环保知识。这种来自公民与社会的环保意识的觉醒和提升是我们整个环保工作得以持续开展的基石。当公众的环保意识充分觉醒，他们就会自觉地关注和支持环保部门工作的开展，也会对排污企业和行为进行自觉地抵制。

再次，环保部门形成了与非政府组织的互动关系。除了建立作为市、县两级的环保联合会等基层机构以外，嘉兴市环保部门还积极发动学生来充实环保志愿者队伍的力量，从而形成较为强大的社会力量参与政府的环境治理工作。同时，环保部门还积极发挥社区组织的力量辅助环境治理工作的开展，努力探索出了“街道属地、企业自主、社区参与、公众监督”的环境监管模式。积极构建环保监管网络，建立了街道环保专管员、企业环保管理员和社区环保监督员的“三员”队伍，从而确保把最基层、最基础的环保工作落到实处。这些基层环保员不仅承担了大量的繁杂琐碎的环境保护工作，还要与公众进行直接的互动，从而使其具有一些天然优势（如较强的社会动员力、较好的群众基础等）辅助政府开展环保工作。

从制度创新的角度来看，嘉兴市为环境治理创新开辟了一条的新路径。这些实践经验被当地群众概括为“大环保”、“圆桌会”、“陪审员”、“道歉书”、“点单式”、“联动化”等六大新现象（见图5所示）。所谓“大环保”就是引入环保社会组织参与环境治理，构建“政府-企业-公众”三方治理平台；“圆桌会”就是以邀请利益相关方进行开放式讨论，通过沟通交流达成共识；“陪审员”就是向社会公开招募的公众代表，以独立身份参与环境行政处罚行政案件评议，考察违法事实是否清楚、证据是否确凿、程序是否合法、使用法律是否正确等进行评议和行使案件表决权，集体意见作为最终行政处罚决定的重要参考。“道歉书”就是不良信用企业不能完成“摘帽”限期整改，就要在报刊上向社会发布道歉信；“点单式”是公众参与环境执法的一种形式，公众代表随机抽查企业环境治理和污染物排放等情况进行面对面的质询和探讨，并提出整改督办意见和要求；“联动化”就是环保部门和其他政府部门以及非政府组织进行联合行动，建立相互协作配合监督的形式。在以下的论述中，我们要对这六大现象进行具体的描述，从而能够从总体上把握嘉兴模式的基本内涵。

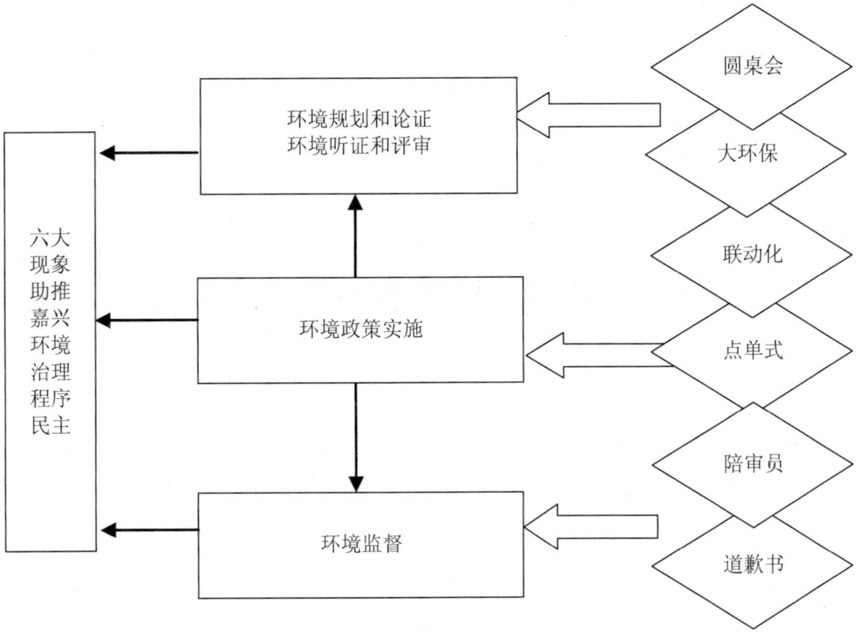

资料来源：根据作者访谈资料绘制而成。

图 5　嘉兴模式的六大现象

1.“大环保”现象

与其他城市一样，嘉兴地方政府的环保工作在形成其独特的模式之前，主要表现在对于环境污染的监控和治理上。正如一些研究者所评述的，“当前环保部门存在着两种代表性的管理模式，即监测和监察[①]。”根据这种方式来推行环境保护政策，介入环境保护活动的主体主要涉及政府和企业的关系，而其他社会主体在此过程中所起的作用则很少涉及。例如在环境监察问题上，通常这项工作是环保部门监察大队的职责，与社会组织的作用发挥看似无关，导致诸如社区、公众参与等形式的治理作用常常被忽视。与此相对照，嘉兴市发展起来的“大环保”理念注重引入并培育社会组织来介入环境治理工作。作为这些努力的结果，嘉兴市形成了以下几个环保社会组织。

---

① 宋丽红：《试论污染源在线监控管理模式》，载《科技情报开发与经济》2010 年第 12 期。

嘉兴市环保志愿者服务总队 自2007年以来，嘉兴市各县（市、区）相继建立环保志愿者队伍并形成服务总队，参与人数达到近万人。总队下设7个支队和6个大队，其中嘉兴市所辖的五县（市）二区各1个支队，嘉兴经济开发区、嘉兴港区、嘉源集团公司、市直绿色学校、市直绿色社区和大专院校各1个大队[①]。嘉兴环保志愿者服务总队接受嘉兴市环境保护局的业务指导，负责组织、指挥、协调和控制各下属志愿者组织活动组织和协调。其下属的各个支队基本可以分为两种类型。一是辖区志愿者服务支队，由该辖区的环境保护局负责业务指导。二是功能型志愿服务支队，包括嘉源集团公司、市直绿色学校、市直绿色社区和大专院校组建的志愿者服务支队。这些环保志愿服务组织和分支机构详见图6。这些支队由本单位负责组建，它把嘉兴市各个体制内不同单位的环保志愿者组织起来，使他们从分散的状态变为联系相对紧密的状态，也在活动的组织中上提供相互支持。

节能减排志愿者先锋服务队 2008年1月嘉兴市成立了以开展节能减排宣传、监督和技术服务为主要任务的服务队。在嘉兴市委组织部、市经贸委、市环保局、市志愿者协会、嘉兴日报社的共同组织下，“节能减排志愿者先锋服务队”招募了1 500多人，其中骨干成员150名。这些人员以党员为骨干，“两会代表委员”、各方面专业人士以及热心市民也参与其中。当然，由于这些民间社会组织基本上是依靠行政手段建立起来的，它们也会存在缺乏志愿活动的有效性，志愿者组织的内在驱动力不足，以及社会上零散的志愿者仍然没有被有效地组织到队伍中来等弱点。

市民环保检查团 为了配合“环境整改摘帽群众满意企业”评选活动，嘉兴市在2008年3月成立了“市民环保检查团”。检查团主要针对处在限期整改任务中的环保信用不良企业、环境污染违法较重企业和重点整治污染企业。检查团会结合全市重大环保专项检查活动或环保重大节日，每年安排2～3次集中行动，参与完成申请“摘帽”企业的检查验收工作。同时，检查团成员也要参加“摘帽”听证会，审查那些申请“摘帽”企业的整改思路、整改方法和整改效果，并对于一些重大复杂污染违法行为的整改项目召开听证会。

①章剑，邱再青，徐建平：《嘉兴市探索公众参与环境保护的实践与思考》，载http：//www.participation.cn/liluntantao/lunwen/5827.html，2013年9月9日访问。

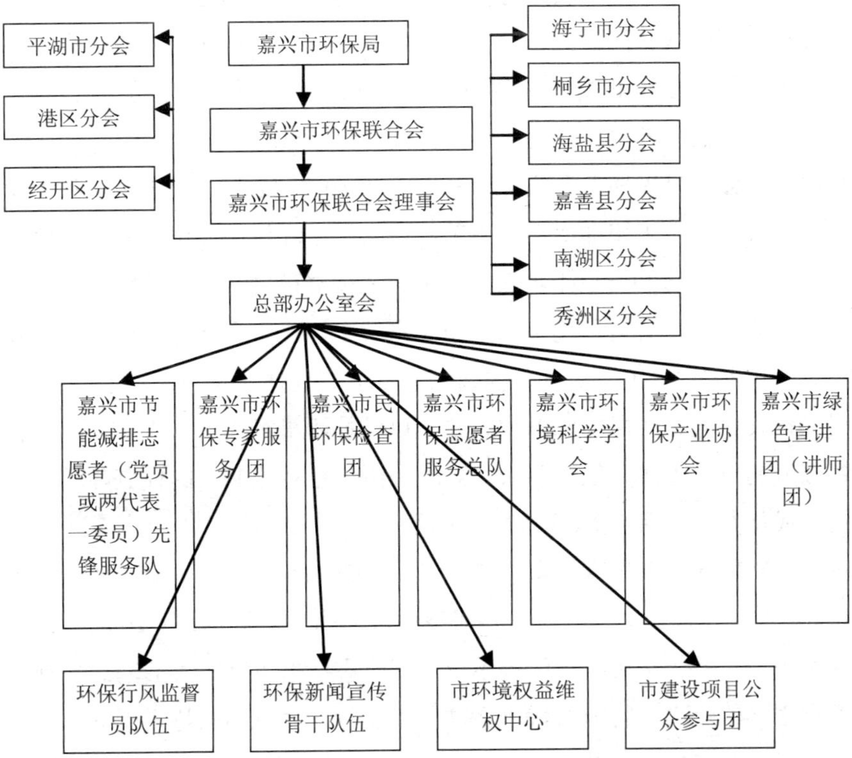

资料来源：嘉兴市环境保护局。

图 6　嘉兴市环保联合会的分支和下属机构

环保专家服务团　2009 年 2 月，嘉兴市为了推进经济转型升级和生态市建设、组建了“环保专家服务团”。环保专家服务团深入企业进行咨询，就污染控制进行技术咨询、也为环保产业的发展提供咨询服务。专家服务团下设 4 个服务小组：即项目推进服务组（为政府相关部门的项目审批提供环境评价、报批程序提供政策咨询服务）；污染控制服务组（为重点区域和重点企业新建、改造或扩建项目建设提供节能减排、清洁生产和污染控制技术咨询指导服务）；环保产业发展服务组（对环保产业发展提供政策和信息咨询服务）；宣传联络组（负责专家招聘、活动策划、组织协调、后勤保障和典型宣传等工作）。

环保产业协会　该协会成立于 2010 年 5 月，由嘉兴市从事环境保护产业的企、事业单位自愿组成。协会主要业务为协助政府有关部门制定全市环保产业的发展规划、技术经济政策。同时，该协会也开展国内外环保产业的调查研究和综合分析，开发和推广新技术和新产品（特别是绿色产品）、组织环保产品、设备及科技成果的展销、转让、考察和交流工作，开拓国内外市场等。

环保联合会 嘉兴环保者联合会的成于 2010 年 12 月，由市环境科学学会、市新闻工作者协会、市律师协会、市节能协会和市环保产业协会五家社团发起组建，具有 18 家团体会员和 64 名个人会员。团体会员包括社团组织 9 家、教育系统 3 家、企业 4 家、文化系统 1 家、司法系统 1 家；个人会员中有文化系统代表 15 人、教育系统代表 10 人、司法系统代表 5 人、媒体代表 9 人，企业代表 7 人、社区居民代表 6 人、环保志愿者代表 5 人以及社团组织代表 7 人。其工作目标是整合各领域的环保志愿队伍，突破“条块分隔、行业限制”的体制障碍，动员更多的社会成员参与环保服务。

生态文明暨环境保护宣讲团 该团成立于 2011 年 2 月，由市文明办、市生态办和市环保局共同组建，其前身是嘉兴绿色讲师团。该宣讲团的 20 名宣讲师不定期地到乡镇、企业、学校、社区等单位开展生态环保主题宣讲活动。各地环保部门也安排必要的财力、物力对宣讲活动予以支持。宣讲面向特定受众，宣讲内容结合环保工作当前焦点问题来确定，例如生态文明建设和环境保护形势任务、“生态立市”战略提出的背景及要求、并解答受众关心的生态环境问题。全年在全市各地的宣讲达 100 多场。

环境权益维护中心 嘉兴市环保联合会所属的环境维权中心成立于 2011 年 11 月。它主要承担四大职责：一是提高公众的环境权益意识；二是开展环保法律和政策的咨询服务；三是代理各类环境诉讼案件维护公民的环境权益；四是通过非诉讼手段，对环境权益受到侵害的公民、法人及其他组织进行维护和救助。在代理环境诉讼案件时，该中心对经济困难的当事人减免其相关费用；也为维护社会环境公共利益提起环保公诉。这是浙江省成立的首家环境维权中心，它的成立有助于推进嘉兴市环境污染损害赔偿纠纷制度建设的规范化、法治化、社会化。

“大环保”现象的出现促进了嘉兴基层环保组织建设的大开放、大变化、大发展。通过这些社会组织的积极努力，政府的环境治理从环保部门的“孤军奋战”过渡到社会各类组织积极合作、共同协调的“协同作战”。同时，政府也鼓励社区组织与污染企业谈判，促进企业与社区合作治理污染。政府可以通过各种方式倡导大环保的理念来促进公众参与，并通过设立民间环保监察队伍的发展等政策，创立居民与企业就环保议题进行沟通的平台。在政策层面上，嘉兴市地方环保部门自 2009 以来制定出台了《嘉兴市环保志愿者服务队工作章程》、《鼓励发展基层环保组织指导意见》、《嘉兴市环境保护公众参与管理办法》和《嘉兴市民参与环保专项行动宣传办法》等规范性文件①。这些政策措施极大地充实了环境治理工作的群众力量，在全社会营造创建环境保护的良好社会氛围。

2.“圆桌会”现象

在推进公民参与的过程中，嘉兴市环保部门按照民主、平等、对话、协商的原则以圆桌会的形式来展开公众对话。“圆桌会”的本质内涵是参与和平等，通过开放式的讨论和交流来达成共识，它是老百姓和政府进行沟通的桥梁，也使社会各界可以通过这一平台进行交流、增强彼此的认同感和对社会的归属感、形成更开放、更温和、更温暖的决策过程②。这些“圆桌会”可以邀请社会公众以不同视角展开群言谈，集思广益，共谋发展愿景，改变了以往单独由部门行政干预式的一言堂，使居民多了一些包容与理解，企业多了一份责任与压力。

在嘉兴，圆桌会的形式对于解决环境争议问题有十分积极的作用。举例来说，2008 年市环保局通过组织市民代表论证会，顺利通过了全市“811”三年污染整治规划方案编制，也完成了“老娘舅”餐饮业等一批疑难项目的评审。其后，环保局也深入工业园区召开座谈会，使投资 1 500 多万元的“韩泰轮胎”等一批重点治理工程项目得到落实③。“圆桌会”的举办鼓励了公众参与环境保护的热情，反映了广大群众的环境利益诉求，也为政府环保部门的决策提供了民意参考。这种工作方式更新了以往单独由部门行政干预式的管理方式，让利益、责任双方在平等对话中找出解决办法，既避免了矛盾冲突，还提高了公众环境知情权，促进

---

① 嘉兴市环境保护局：《健全公众参与环保机制——推动公众参与执法监管，整治验收全过程》，载 http：//www.jepb.gov.cn/News/172/0fb0baa9e478d0a106bcf872e623901bfe78bb27.html，2013 年 5 月 23 日访问。
② 韩福国：《从治理理念到制度治理——基于“我们圆桌会”的分析》，载《杭州（我们）》2013 年第 1 期，第 34-36 页。
③ 徐建平：《嘉兴市环保局“六大”现象力推环保工作新局面》，载 http：//www.jepb.gov.cn/news/62/67c39beaab44702dc55325e6e6054cb3d4ce6714.html，2010 年 11 月 9 日访问。

了社会和谐[1]。

3.“陪审员”现象

基于嘉兴市南湖区的试点，区环保局在2009年发布了《南湖区环境行政处罚案件公众参与制度实施办法（试行）》。这一规范性文件将公众参与作为今后环境行政处罚的一个必经审议程序。这项规定要求把公众参与环境行政处罚的审议过程作为一项制度长期坚持下去，把司法机关所拥有的自由裁量权交给公众评审团进行公众评议[2]。其审议内容包括对案件适用的法律条款、处罚额度和限期整改要求等等。这种方法的采用可以避免案件处罚中出现同案不同罚、人情罚、态度罚、行政议价等现象。

在参与案件审判的“法官”的选择中，试点单位南湖区通过公开招聘和集中培训的方法来建立环保陪审员队伍。在公开招聘中，南湖区所属的5个镇各推荐3名公众评审团成员，评审团在既定成员中临时抽选而成。为确保公平公正，评议案件所在地只能有1名评审员参加，并邀请两名环保行风监督员，加上其他镇的评审员共5人组成了评审团进行集体评审。公众评审团对所审理的议题进行讨论和评议，并对案件处罚的合理性提出意见[3]。他们考察事实是否清楚、证据是否确凿、程序是否合法、适用法律法规是否准确等情况。市环保局根据将公众评审会的意见作为行政处罚决定的重要参考，并及时将决定内容反馈给评审会成员[4]。自这一制度建立到今天，该区有336个环境案件经过公众陪审程序，公众评审意见的整体采纳率达98.2%[5]。

① 朱跃红：《解决社区环境问题有了新尝试：“圆桌会议”架起三方沟通桥梁》，载 http://www.cnjxol.com/xwzx/jxxw/qxxw/tx/content/2009-01/07/content_944095.htm，2009年1月7日访问。

② 张海生，沈蓓莉：《南湖首创行政处罚公众参与制》，载 http://jjsb.cet.com.cn/show_104671.html，2010年6月10日访问。

③ 嘉兴市环境保护局：《南湖区公众参与行政处罚》，载 http://www.jepb.gov.cn/News/6/db667c0b2e0c54430dd741993db8d4af89482889.html，2009年10月19日访问。

④ 徐建平：《嘉兴市环保局“六大”现象力推环保工作新局面》，载 http://www.jepb.gov.cn/news/62/67c39beaab44702dc55325e6e6054cb3d4ce6714.html，2010年11月9日访问。

⑤ 徐建平，杨建强，徐全：《公众参与显亮点》，载 http://www.mzyfz.com/cms/jienengjianpai/xinwenzhongxin/xinwenkuaixun/html/1110/2011-11-07/content-203958.htm，2011年11月7日访问。

4."道歉书"现象

2007年嘉兴市在环保信用企业评审工作中，对纳入重点整治对象的不良信用企业提出限期"摘帽"整改的要求。如果不能按时达标，这些企业就要通过报刊向社会发布道歉信。"道歉书"现象与市民检查团的工作相关。环保部门和市民环保检查团发出对于企业进行整改的要求后，仍然保持后续检查和动态跟进，市民检查团可以对整改企业提出"摘帽"验收的建议。对于那些逾期未"摘帽"的企业，环保部门将及时抄送银监、金融等相关部门，建议取消或降低其信贷资格，并在各类评选中严格落实环保"一票否决制"，将对那些持续违法的企业在媒体上予以公开曝光[①]。

这一制度在实施之初曾引起社会的广泛关注。2008年，由25家不良信用企业负责人联名签署《致全市人民道歉信》在《嘉兴日报》头版醒目位置刊登，并通过浙江卫视全程播报接受社会监督。中央电视台各频道为此也进行了跟踪报道，在全社会引起极大反响。其后，市环保局也邀请市民环保检查团代表参与企业"摘帽"验收检查，提高公众参与企业限期整改"摘帽"的公信力，在随后的两年中这一制度继续推进。2009年市环保局组织市民环保检查团代表检查评议3家申请"摘帽"的企业。经市民代表讨论评议，这3家环境整治企业被允许"摘帽"[②]。2010年，有5家企业申请"摘帽"，其中3家企业因停产或未开工延迟"摘帽"[③]。显然，采取道歉书手段是借助社会舆论监督强化环保信用企业评估机制建设的创新制度。"戴帽"企业被列入"限期治理黑名单"，列入银监、信贷部门重点监管对象，也成为公众舆论和道德诚信全方位跟踪的对象。道歉书现象的出现强化了排污企业对于民意的敬畏，促使他们形成企业在环境保护方面遵守社会责任的自觉性，而不仅仅出于政府行政处罚的压力。

---

① 嘉兴市环境保护局：《嘉兴市环保局推进违法企业整改"摘帽"工作规范化管理》，载 http://www.jepb.gov.cn/News/1/fa18c79bf6354c3f358cc660aef89d5f0aa8cf40.html，2011年3月3日。

② 章剑，邱再青，徐建平：《嘉兴市探索公众参与环境保护的实践与思考》，载 http://www.participation.cn/liluntantao/lunwen/5827.html，2013年9月9日访问。

③ 嘉兴市环境保护局：《今年首批5家限期整改摘帽企业摘帽检查，两家成功摘帽》，载 http://www.jepb.gov.cn/News/1/3abb2c704de83074078dd74b39578f40b133434d.html，2010年2月2日访问。

5. “点单式”现象

点单式执法是由公众代表自行确定企业环境治理检查的对象，要求被抽查企业在现场对整治方案、治理进程、治理效果和设施维修运转情况进行面对面的质询和答复，并提出整改督办意见和要求。这一制度可以有效防范关系执法、人情执法和政府的不作为，也有利于公众参与到政府环境监控执法体系的全过程。具体地说，“点单式”环保执法由市民代表在候选企业中抽查一些企业进行废气和污水排放等情况的检查。根据嘉兴市环保局的统计，从2008年全市开展“点单式”执法到2013年这五年中，全市“点单式”执法累积达到50余次，参与人数近三千人次。

此外，嘉兴市也围绕全系统“飞行监测”开展市民代表“点单式”执法行动，围绕重点信访工作开展市民群众“点单式”巡访活动，配合浙江省省“811”污染整治行动开展市民和专家代表“点单式”限期摘帽验收的行动，围绕边界环保共建开展驻地群众代表“点单式”巡查行动①。这些“点单式”执法既保障了市民环境监督权，也有助于公民对于企业情况的了解，还有利于减少嘉兴市的环境投诉和信访量（特别是越级信访上访）②，增进群众与排污企业之间的互信。同时它能够及时排解环境利益冲突，化解不必要的环境利益冲突，从而有助于构建化解环境利益冲突的机制。

6. “联动化”现象

“联动化”现象倡导环境保护部门和其他政府部门、社会组织进行联合行动，建立相互协作、相互监督的多元联合参与行动。同时，政府各部门也在环境保护的过程中协同作战，共同推进。例如近几年来，嘉兴市环境保护部门通过开展“亮剑”、“飞行监测”、“交叉执法”、“飞鹰”系列专项执法以及重金属、污泥、交界区域联合等专项执法和拉网式综合执法，环境执法力度不断加大。其中，“亮剑”行动是针对重金属排放企业的环境检查执法行动。飞行监测以国控、省控、市控

① 徐建平：《嘉兴市环保局“六大”现象力推环保工作新局面》，载 http：//www.jepb.gov.cn/news/62/67c39beaab44702dc55325e6e6054cb3d4ce6714.html，2010年11月9日访问。

② 浙江法制报：《“点单式”环保执法给了市民监督权》，载 http：//www.jepb.gov.cn/news/172/9d0ad0796b568715463fa10d7ae81c31cc407b0d.html，2010年1月28日访问。

等重点工业企业、污水集中处理设施和群众投诉热点排污企业为主要检查对象。这些执法活动都取得了积极的成效，例如“亮剑”行动对全市 40 家电镀企业的废水处理工艺及排放方式进行了全面检查，并从中发现部分企业存在超标排放、稀释排放、私设暗管偷排等环境违法行为并进行了整治[①]。“飞行监测”是对排污企业实施现场随机快速的环保执法监督检查，并对发现的环境违法行为依法进行处理。

“联动化”现象也通过“交叉执法”的方式反映出来。“交叉执法”是指相邻两地环保部门建立的联席会商机制，这些部门定期召开联席会议，负责边界区域环境联合执法工作。当发生跨界污染纠纷和环境污染事故时，联合执法小组有权到对方管辖区（边界区域）进行环境执法。联合执法小组也有助于防止环保部门袒护本地企业，对严重环境违法行为隐瞒不报的、对环境信访问题互相推诿的情况的发生[②]。“飞鹰系列”专项执法行动指以夜间突击交叉互检的方式对污染企业进行突击检查，并对于超标排污、规避环保监管的违法行为予以严肃查处[③]。这些措施有利于突破有限的环境执法能力，通过政府各部门的联合执法并与社会组织合作，提升执法能力（见图 7）。

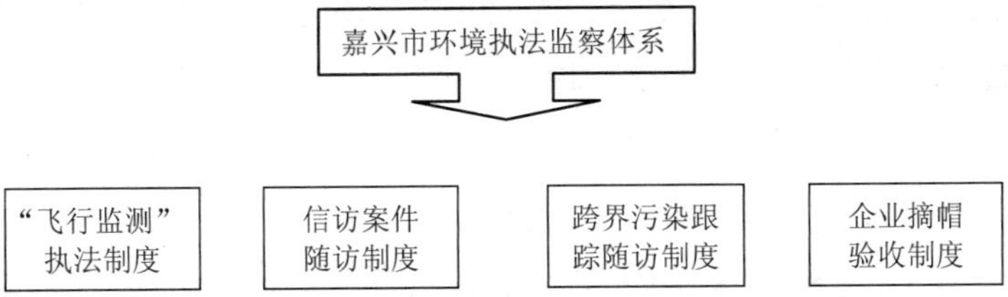

资料来源：根据嘉兴市环境保护局提供的资料绘制而成。

图 7　嘉兴市环境执法监察体系的构成图

总之，这六人现象从不同的方面对现有的环境治理模式进行创新，使公众不仅拥有环境知情权、监督权和发言权，还拥有否决权。这些做法针对环境污染违

① 嘉兴市环境保护局：《嘉兴市环保局开展“亮剑 1 号”环保执法专项行动》，载 http://www.jepb.gov.cn/News/1/0467d1cbd77e776d7ab8846f836c43aeb8fa2503.html，2011 年 3 月 4 日访问。

② 嘉兴日报：《交叉执法破解跨区域治污难题》，载 http://www.jepb.gov.cn/News/62/bd3731a2cfe718ae5364995de293b4e52bd23aeb.html，2009 年 5 月 8 日访问。

③ 李昇：《2012 年桐乡年鉴（环境保护）》，载 http://www.txsz.gov.cn/html/txnj/2012/20130327/133247.html，2013 年 3 月 27 日访问。

法问题，采取多种手段强化环保执法力量，建立环保、宣传、公安、法院、检察院等部门组成的联动执法机制[①]。公众的参与也扩大了环境监控的覆盖面，能够缓解政府部门的工作压力。通常，由于检查队伍人力与财力的限制，政府部门环境检查的重点往往放在大型工业项目上，而对中小型企业的监督和检查往往显得不足。但是，由于近年来重点企业均已配套完成了污染治理项目的改造升级，因此在很大程度上能够避免大的环境污染事件的发生。这使环境污染的问题往往集中发生在中小企业，通过广泛的公众参与可以消灭环境监控的死角，严厉打击环境违法行为，提高污染应急处置能力。

第三节　嘉兴模式中公众参与的特点

通过以上对于嘉兴模式中“六大现象”的阐述，我们可以看出嘉兴模式运行过程中存在的一些普遍特点：

首先，建立多种社会组织参与的平台，引导多种社会组织参与到环境保护事业中来。在嘉兴模式中，各种社会组织承担了推进公众参与环境保护的组织者的作用。特别是嘉兴市志愿者协会组建的嘉兴市环保志愿者服务总队，成员分布十分广泛。这些成员在建立绿色学校、绿色社区、绿色企业、绿色医院、生态乡（镇）工作中做出重要贡献，构成了嘉兴公众参与环保行动的主力军。政府也大力支持以市民环保检查团、专家服务团为代表的环保组织成为了公众参与的重要平台（见图 8）。通过环保、民政部门协作配合，制定出台了《鼓励发展基层环保组织指导意见》，动员各地发展环保基层组织建设，形成由市、县两级环保联合会和街道乡镇及重点社区环保协会构成的多平台、多渠道参与机制。

① 嘉兴在线：《我市启动“环境保护，部门联动”协作机制》，载 http：//www.cnjxol.com/xwzx/jxxw/szxw/content/2007-09/28/content_514873.htm，2007 年 9 月 28 日访问。

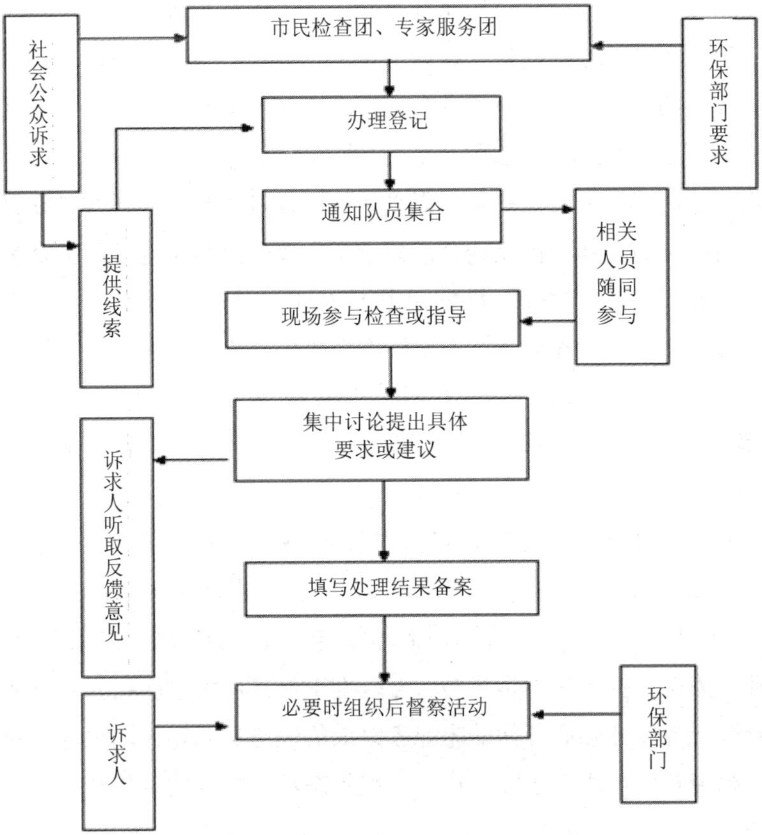

图 8　嘉兴市市民环保检查团工作流程

其次，大力倡导公众参与到环境活动中，即环保专家服务队、企业环保管理员、街道环保专管员、社区环保监督员、区域环境观察员等，安排专人密切关注网络舆情，及时回复投诉并努力在第一时间采取措施化解矛盾。①在一些行政区，政府聘用大气环境观察员，企业建立企业环保管理员的制度，政府也通过《嘉兴日报》等新闻媒体向社会招聘市民环保检查团的成员共同构建环境质量监督网络。同时，嘉兴市环保局也构建了“一队四员”的环保监测队伍来强化环境监督工作，建立 24 小时环境信访电话值班制度，鼓励对环境事件的投诉举报并与 110 联网。

---

① 中国环境报：《引导公众参与加强社会监督》，载 http：//www.cenews.com.cn/hjzt/ggzt/201306/t20130612_742998.html，2013 年 6 月 13 日访问。

这些群众广泛参与的社会网络为构建有效的环境监管机制奠定了群众基础。

第三，开展各种社会活动进行环境宣传，定期举办生态讲座，加强“生态立市”的发展战略的宣传。嘉兴市通过举办全国“环保嘉年华”嘉兴站活动和“生态嘉兴小卫士”评选等活动，普及低碳生活理念[①]。依靠网络工具，创办了嘉兴环保手机周报，开通了嘉兴环保视角、嘉兴环保网友等平台，并通过“嘉兴在线”举办互动式新闻发布会和网民座谈会。建立了环境信息网上互动的公众参与联动机制。市环保局改版了门户网站，新增“市民检查团”、“环保志愿者在行动”、“12369网上投诉中心”、“环保专家服务团网上咨询”、“公众满意度在线调查”等互动栏目，做好新浪“嘉兴环保微群”、嘉兴在线“环保视角”和环保QQ群等舆情工作，以期促进公众参与能力的提升[②]。这些环境宣教和信息发布工作已经成为政府环保工作的重要一环。

第四，通过社会组织深入企业社区，提供知识宣传和技术服务。环保部门通过报纸、电视、互联网等媒体渠道进行公开招聘、也邀请各类环保专业技术人员，成立了由50名环保专业技术专家组成的环保专家服务团。这些专家学者 “进园区、下企业”为企业提供技术指导与服务咨询工作。由大学教授、企事业单位退休人员和社会各界一些热心环保的志愿者组成的生态文明宣讲团也深入农村、企业、学校、街道社区和机关事业单位，开展生态环保主题的宣传和教育活动，每年开展各类宣讲活动近100场[③]。这些宣讲活动从以往的集中型宣传、主题型宣传和运动式宣传，逐渐转变为持续型和常态化宣传。

最后，政府与社会组织积极互动以提升环境治理效率。嘉兴市政府确立了以“生态立市”为目标的发展战略，构建由社会各界人士参与的大环保模式。通过这一模式的推进，由市环保局和环保专业人员组成嘉兴市节能减排志愿者先锋服务队积极开展节能减排宣传、监督和技术服务等工作；环境学会和产业协会跨行业联合也参与环境管理改革试点工作，在项目评估、上市公司核查、行业环保自查自纠、专项资金绩效考核等活动中发挥社会团体的作用；市民检查团参加环境执

① 应丽斋，陈雪峰：《环保觉醒：嘉兴民间“零点行动”十年变迁回望》，载 http：//zjnews.zjol.com.cn/05zjnews/system/2011/11/21/018013126.shtml，嘉兴日报 2011 年 11 月 21 日访问。

② 嘉兴市环境保护局：《嘉兴市环保宣传月系列活动将呈现三大亮点》，载 http：//www.jepb.gov.cn/News/1/748fccb5488f6a186cfef682f349c201198da03a.html，2011 年 6 月 4 日访问。

③邱再青，徐建平，杨建强：《嘉兴公众参与推动生态建设》，载 http：//www.cctvhjpd.com/Article/Show.asp?ID=45365，2012 年 10 月 15 日访问。

法并通过环境联合执法提高环境行政效率；市民代表也对重点污染企业实施点单式全程跟踪检查，这些活动有助于提高环境执法的效率。其意义不仅仅体现在政府环保部门工作思路的转变上，更体现在政府与社会、公民之间良性互动关系的形成。

第四节　嘉兴模式的实质

要深入分析嘉兴公众参与环境治理的实践经验，我们就要从现象层面深入到实质中去，阐释其模式得以建立的条件和探究其普遍性和可推广性。为了评估这一模式所具有的价值，我们必须分析其所蕴含的政策含义，了解其所面对的问题，以及这一模式是如何解决这些问题的。

在环境治理的相关讨论中，各地的实践经验表明，培育社会组织是动员广大群众介入保护和改善环境条件的基本要求和途径。正如嘉兴市委书记在谈到环保工作时就说，“环境保护工作是一项公共的产品，既要发挥环保部门和专业队伍作用，更要依靠广大群众的关心支持，让群众参与，受群众监督，使群众满意”[①]。发展民间环保组织既可以帮助政府在环境治理中提高工作的成效，也有利于政府机构节省在环境监管和执法方面使用的人力、物力和财力而去集中力量解决重点环境问题。而且，要加快环境保护事业的发展就必须发动和依靠群众的力量。目前，随着国家对环境保护和生态文明建设工作的重视以及公众对环境质量改善的需求进一步强烈，我国的各类民间环保组织也发展迅速。特别是2015年新环保法实施以后，环保社会组织已经成为一股环保新力量积极参与各地的环保工作。然而，这一发展也面临着种种挑战。比如说，社会组织如何理清与政府环保部门的关系，如何实现自身的可持续运作，如何迈向更加专业化和职业化道路，如何吸引更多环保人才的加入等等都存在着问题。特别是在社会和民间环保组织能否引导公众科学理性规范有序地参与环保，能否具有公信力来凝聚社会公众的力量达成共识以达成环保目标等问题上，尚无法形成清晰的认识。这些问题如果不能得到有效地解决，各地通过发展环保社会组织来实现环境治理的方式就不可能发挥

① 章剑，邱再青，徐建平：《嘉兴市探索公众参与环境保护的实践与思考》，载 http://www.participation.cn/liluntantao/lunwen/5827.html，2013年9月9日访问。

应有的效果。

然而，对如何实现这一发展的方向，并采取何种渠道来有效地发动公众参与，我们仍然缺乏必要的经验基础来展开我们的分析。目前在各地的环境治理中政府一家独大的情况还十分普遍，社会组织的力量还十分弱小。如何培育民间环保组织，如何使这些组织能够与政府部门有很好的互动，都是尚未解决的问题。嘉兴市所进行的许多工作，有效地推进了公众的环境参与和地方的环境治理实践。因此，对于嘉兴的实践经验进行深入的研究，可以为我们研究公众参与环境保护的机制探索社会治理的新模式提供一定的借鉴。

根据我们在本章中所提供的资料可以看到，嘉兴市在推进环境治理的进程中与各种环保组织（特别是环保联合会）建立了密切的合作关系。政府部门与社会组织（非政府或准政府组织）的合作，推进了多方参与环境治理的模式。由此，我们可以得出嘉兴模式的实质就是环保社会组织在政府支持下以各种方式参与到环境决策、执法监管等各个环节形成的“大环保、圆桌会、陪审员、占单式、道歉书、联动化”公众参与形式。这种模式可以引导多种社会组织的介入和广泛的公众参与，从而推进生态文明和环境民主建设的双重发展。因此，嘉兴模式在提升社会经济和环境效益方面具有良好的成效，也在发展民主治理方面具有积极作用。

在另一方面来看，强化公众参与也是政府实现治理方式转变的题中之意。在进入21世纪的社会治理中，传统的以政府为主导的行政管理和社会管理模式已经日渐不能适应现实的社会需求并产生种种问题。由此，十八届三中全会提出要实现“推进国家治理体系和治理能力现代化”。这标志着我国的治理模式出现了重大转变，从以往的“管理”转变为“治理”，前者侧重于政府对社会事务自上而下单向度的一元管理，而后者则强调了包括政府、社会组织、社区、公民等多元主体之间的共同参与和合作互动[①]。因此，在新时期背景下推进环境治理领域的公众参与也是政府社会治理模式改革的重要组成部分。从这个意义上说，探索地方的实践经验对于我们研究环境治理模式乃至于推进社会治理模式的创新都具有价值。

要深入讨论嘉兴模式的特点和意义，我们需要讨论其与各方参与者之间的制度关系。为了说明这些相互关系和他们对建构环境治理制度的影响，我们将在下

① 麻宝斌，任晓春：《从社会管理到社会治理：挑战与变革》，载《学习与探索》2011年第3期。

一章中讨论介入环境治理过程的各方主体所采取的态度，以及他们在体系中所起到的作用。在这些讨论的基础上，我们要进而讨论嘉兴市在推进环保社会组织的能力建设方面所存在的问题——例如社会组织的制度化程度不高，缺乏独立自主性，自发性意识不强等——以及下一步发展所要解决的问题。这些问题制约了环保社会组织的健康有序地发展，也制约着嘉兴模式的可持续发展。在对嘉兴模式的特点有了总体分析后，我们也将进而把嘉兴模式与浙江省其他地市的环境治理经验相比较，从而探索嘉兴模式所具有的独特的创新意义和其具有的推广价值。在此，各地在环境治理方面会采取不同的对策。譬如有的注重发挥新闻舆论导向和监督作用，加强污染减排的宣传和推进环境科普宣传活动；也有的地方致力于信息公开，把加大环境违法行为的曝光力度和建立环保部门新闻发布制度等作为重点，也有的把发展环保志愿者监督行动作为工作重点。这些跨地区的发展战略比较分析可以揭示嘉兴模式所具有的内涵及其特点，也为我们展开政策分析提供了依据。

在本研究中，我们也将从环境治理与制度建设、环境治理与观念更新、环境治理与公众参与等方面探求嘉兴模式所具有的政策寓意，并对如何保证嘉兴模式日后的持续运作提出几点意见和建议。这些政策研究的基础在于制度建设。通过嘉兴模式的建立和发展，广大市民积极参与环境保护进程，这不仅密切了环保部门与群众的关系，也提高了环保执法的公信力，增强政府机构的工作效率。此外，这种参与环境的监督管理也有助于引导公众参与对于企业的环境执法监督，加速企业治理达标的进度[①]，也可以使民众的环境维权行为更加自觉有序。显然，讨论嘉兴模式可以对于我们探索环境治理公众参与的途径具有多方面的政策意义。

① 章剑：《发挥主阵地作用，推进历史性转变：中国环境报宣传工作会议暨环保局长论坛发言》，载 http://info.cjk3d.net/viewnews-153966，2009 年 12 月 8 日访问。

第三章　嘉兴模式的行动者

要探究嘉兴模式的运作机理，就要探索该模式中各个参与主体的参与现状、相互关系及其互动模式。这些主体包括政府机构、社区、公民、社会组织和企业。对于这些社会主体的作用分析将建立在我们对嘉兴模式进行调研的资料基础上。这些调研由浙江大学公共管理学院的师生在2012年和2013年间在嘉兴展开。访谈分批分组多次进行，由林卡教授带领的博士、硕士和本科学生组成的研究团队完成。访谈的对象达二百余人，包括嘉兴市环保局工作人员，嘉兴市环保联合会的工作人员以及高校环保志愿者代表、企业代表等。调查涉及十分广泛地问题，包括嘉兴模式的工作机制、政府官员的意志驱动、市民群众的参与热情、环境教育的实际效果、利益冲突的化解模式等等。基于访谈资料，我们对嘉兴模式的特点进行较为深入的探讨。

同时，我们也研究了有关嘉兴模式的政府文件和相关研究和媒体报道，以期从总体上来把握其特征。在本章节中，我们将聚焦在嘉兴模式中各类社会主体的作用展开分析，揭示这些主体的相互关系以及嘉兴模式的特点以及优劣。

第一节　社会组织

1. 参与环境治理的现状

在嘉兴模式中，市环保联合会是推进这一机制运作的关键组织。这一机制由“一会三团一中心”构成，即市环保联合会、市民环保检查团、环保专家服务团、生态文明宣讲团、环境权益维护中心。在这些组织中，市环保联合会是其中的核心机构，起到统筹各种环保社会组织和民间力量的作用，联合会的“三团”则在环保联合会的统筹下开展各种具体工作。在这一架构中，嘉兴市环保联合会的主要任务是组织和协调各方面的社会资源，共同参与环保事业。以此为目标，联合会的具体工作包括以下七个方面：（一）围绕政府环境发展的目标和任务，为环保行政主管部门提供决策建议，起到政府与社会之间的桥梁和纽带作用；（二）开展环境法律援助和组织维护环境权益活动，维护公众合法环境权益；（三）构建环境领域公众参与和社会监督的新平台；（四）展开环境政策、法律、法规和技术咨询服务；（五）团结各类社团组织，共同促进环保事业的发展；（六）开展环境保护和生态文明建设的宣传教育活动，提高广大群众环境保护和生态文明意识；（七）开展环境保护和生态文明建设的公益性活动，承办政府及有关组织委托的其他工作[①]

环保联合会的成员绝大多数是热心环保事业的志愿者。在这些人中，大多是机关事业单位的退休干部，也有大学教师和少数来自于社会上的热心人士，其中有教师、专业技术人员，也有企事业单位的管理人员和公务员，也有千千万万的普通市民。他们依照《市环保联合会章程》规定组织、开展新老会员注册登记工作。到 2011 年底，该联合会共有登记注册团体会员和个人会员一百多人，并按照规定缴纳会费（团体会费 2.5 万元，个人会费 0.1 万元）[②]。这一组织与嘉兴市环保局保持密切的联系，参与当地环境治理的各种活动。基于嘉兴城区所取得的成功经验，嘉兴所属各区县也按照市政府的要求成立了联合会，包括平湖、海盐、南湖、秀洲、桐乡、海宁、港区、经开区等 8 个分会（嘉善县单独成立了环保联合会），设立了联合会会长办公室或环保联合会和环境学会联合办公室、市民检查团和专家服务团联动值班室、市环保志愿者活动会议室[③]。这些机构实行志愿者报名参与的轮流值班制度。

此外，市环保联合会通过设立环境权益维护中心来加强公众环境权益的维护工作。环境权益维护中心由浙江国傲律师事务所、浙江百家律师事务所、浙江子城律师事务所三家志愿律师事务所组成。该中心的职责主要包括以下四个方面：

① 嘉兴市环保联合会：《嘉兴市环保联合会章程（经 2010 年 12 月 6 日嘉兴市环保联合会一届一次会员大会通过）》，载 http：//www.doc88.com/p-0641669473837.html，2010 年 12 月 6 日访问。

② 嘉兴市环保联合会：《2011 年嘉兴市环保联合会工作总结和 2012 年工作重点》，2011 年 12 月 30 日访问。

③ 嘉兴市环境保护局：《健全公众参与环保机制：推动公众参与执法监管，整治验收全过程》，载 http：//www.jepb.gov.cn/News/172/0fb0baa9e478d0a106bcf872e623901bfe78bb27.html，2013 年 5 月 23 日访问。

一是向社会宣传环境权益维护知识；二是开通热线电话，接受环境法律、政策咨询；三是承接非诉讼环境法律事务的代理；四是承接环境事务诉讼的代理①。维权中心所做的这些工作，提高了公众环境维权意识，也推进嘉兴市环境污染损害赔偿制度的建设。

2. 社会反映

在从 2008 开始成立到现在的六年中，以市环保联合会为首的“一会三团一中心”的有效运转，使嘉兴模式产生了良好的社会效应。公众通过参与这些组织的活动中发挥对企业环保行为的监督。据我们对嘉兴进行的调查研究资料反映，公众（被调查对象）对于这些组织所起作用的评论大多十分肯定。他们认为：

* 社会组织的存在可以为老百姓提供其表达针对环境问题看法和意见的渠道，为政府环境政策的制定提供借鉴。同时，社会组织也能够在政府或企业与老百姓发生环境利益冲突的时候起到协调和化解的作用。事实上，根据我们的调查资料，参加过这些活动的公民都感觉到他们在参与活动中获得了赋权和增能。例如在座谈会中，有市民检查团的成员代表谈到：

——联合会的定位应该是成为（人们）意见表达的渠道。在嘉兴模式中，“三团一中心”的成员来源主要有两个方面：一是自愿报名，二是以学校、退休人员为主。这些组织可以提高公众参与积极性。

——尽管居民对“市民检查团”的了解并不深，但他们对此表示出极大的热情。许多人表示如果能有这样的参与渠道，他们都是非常愿意参加的，并希望能通过这样的方式为嘉兴的环境治理出一份力。像 CN，FB，TX 社区的居民都说道：“邀请了我就参加”，“肯定要参加的”、“这是好事，总能够反映一些我们具体的问题”。

*这些组织具有民主参与的功能，可以成为老百姓有效表达自己意愿的渠道，

① 陈新：《全省首家地市级环境权益维护中心在我市成立》，载 http：//www.cnjxol.com/xwzx/jxxw/jxshxw/content/2011-11/19/content_1851005.htm，2011 年 11 月 19 日访问。

通过参与环境治理的决策过程，老百姓获得赋权和增能的机会。赋权可以提升民主参与意识，也提升公民自身的专业素质。它意味着公民能够获得社会管理和政治参与的能力。在这一方面，志愿者和社区组织都能够成为环境民主的积极行动者：

——（嘉兴市）环境保护现在做得比较好，志愿者也比较多，去年曾经听说有志愿者去参加嘉兴市的“摘帽”活动。企业如果在环境污染整改中几年没成效就要戴帽。“摘帽”那天这里的一些志愿者们去现场看了，其中有一个企业不合格，他们都不同意，环保局也就没有（给这个企业）摘帽。这些人不是环保局的，是一些志愿者。他们（市民检查团）来做决定让百姓感受到了参与力。

——CN社区的居委会主任就参加过嘉兴市的“摘帽”环评活动，认为这样的活动很好，我们不同意，环保局就没有“摘帽”。还有QH社区的书记也曾参加过这样的环评工作。他曾经是嘉兴自来水厂的监督员，对于嘉兴的环保工作较为了解，（对嘉兴模式）持理解鼓励的态度。

*当然，人们也认为目前的环保联合会发生作用的范围和领域还十分有限，“市民检查团”普及程度并不高，“市民宣讲团”的宣传力度还有待于提高、宣传范围还有待于扩展、宣传效果还有待于加强等问题[①]。在调研中，我们发现了如下问题：

——对于市民检查团不太了解。有些居民听说过它，也有的在电视上看到过。部分居民不太清楚报名参加环保相关活动的途径。（对于网上和媒体上的招聘消息）有些居民不会使用手机电脑。

——在TX社区，一些居民听说过“市民检查团”这个制度，而当问及像他们所居住的地方环境问题这么严重，是否有相关组织来进行检查时，他们则表示“我们社区里面没有成员加入这个团，（检查团）也没到我们这里来检查。”

——CN社区的居民提到这样类似于“市民检查团”的一些活动，如组织居民去各个工厂进行参观检查，但通常基本很少，一般是一年一次，往往集中在环境日。这样的活动一般由上级机构组织并由社区配合来进行，社区方面基本上是处于被动接受，消极配合。

① 胡平：《嘉兴市社会组织发展的现实困境及策略选择》，载《嘉兴学院学报》2012年第5期。

*就环保前联合会和市民检查团的组织方面也存在着种种问题。例如在人员方面，“市民检查团”的参与人群类型单一，参与渠道也不明确。这使得“市民检查团”在普通市民眼里很神秘，关于它的评价可能并不真实全面。目前的“市民检查团”的参与人员多是退休的政府机关人员和教职工以及社区负责人或者党委的工作人员，真正的居民很少能参与到其中。在一些嘉兴市民眼里，这些组织有几分政府操作自导自演的意味，正如环保联合会的负责人 X 说道：

——事实上，真正能够组织和参加活动的主要以退休教师为主，因为参加这种社团组织要求有一定的经济基础和空闲时间，而且有一定的文化素养，所以退休的教师和公务员就成来其主要人群。但退休人员由于年龄等因素，在精力上会受到一些限制，所以联合会还是需要吸引一些年轻人，才能使工作更广泛地开展。其成员可以与其他协会及三个社团成员交叉兼职。

——社区居民认为，嘉兴的诸如“市民检查团”制度的举措在全国都是创新的，但效果不好，文字上写得再好都没用。许多社区的居民对“市民检查团”的了解不多，表示市民检查团并没有来他们所在的社区参观，也没有在社区内提供参加的渠道，因而他们更多的是从新闻媒体上了解到的。

而且，“市民检查团”的运行状况对于许多公民来说形象都是模糊的。这使一些市民认为建立环保联合会和市民检查团的举措尽管很有创新性，但实际效果却不尽如人意。但总的来说，市民对环保联合会等社团组织的看法有褒有贬。这种差异从一定侧面暴露了这些环保社会组织所存在的问题。

第二节　政府机构

1. 参与环境治理的现状

政府环保部门也是构建嘉兴模式必不可少的主体。在环境治理过程中，政府组织在监督管理，执行相关的环境法律，提出环境公诉方面进行着许多工作。它们在以下五个方面起着重要的管理作用。一是制定相关的法律法规确保环境治理活动有法可依；二是信息传递，做到“上情下达、下情上达”；三是在环境执法和管理过程中，对环境违法行为进行行政处罚、对环境执法行为进行督察；四是调查取证，通过现场检查、取样监测、证据保全等技术手段有效采集证据，提起环境公益诉讼；五是制定环境规划，开展环境治理行动、组织环境评价工作。

在嘉兴，地方政府在环境管理工作中取得了积极的成效。以嘉兴市南湖区为例，在化工行业专项整治活动中，全区 40 家化工企业中有 27 家企业整改，9 家企业关停，4 家企业搬迁。针对一些治污设施陈旧、工艺技术落后的企业，环保部门责令其投入专项资金进行整改。同时，政府也鼓励企业进行了绿色生产，发展绿色经济。南湖区环保局专门制定了经济补偿配套政策，把环境整治与建设“绿色化工”产业紧密结合，投入达上亿元[①]。同时它也鼓励 20 家企业开展了中水回用工程的建设，使得废水回用率达到 50%左右，企业清洁生产率达到 100%。这些企业改造措施有助于企业的升级换代和区域发展，增强了该区域预防和打击企业违法排污行为的能力[②]。

推进公民参与环境治理过程也是当地政府大力推进环境治理工作的中心任务之一。如市环保局推行“行政处罚案件公众参与审议制度”，由市民对行政处罚案件进行评议认定，确保环境行政处罚案件公正、公平及环保执法接受群众监督[③]。市环保局还通过实施下派环保专管员，实现对企业的环境监管由外部向内部延伸、污染防治由末端向源头前移。另外市环保局建立了环保专家库，在全市开展专家参与企业项目推进、污染控制和环保产业发展等活动。

2. 社会反映

* 从调研中我们发现，在目前的体制条件下，环境议题的管理和解决常常都要靠政府的力量，相关活动的开展和运行也要由政府出面来组织才能进行。这种状况表明政府在环境治理的过程中依然扮演着主导者的角色。这种主导角色的发

① 陈健：《南湖区以环境整治打造“绿色化工”》，载 http：//www.cnjxol.com/xwzx/jxxw/szxw/content/2010-01/02/content_1253343.htm，2010 年 1 月 2 日访问。

② 浙江省环保厅：《南湖区化工行业整治的做法与成效》，载 http：//www.zjepb.gov.cn/hbtmhwz/sylm/zxdt/201003/t20100303_27748.htm，2010 年 3 月 3 日访问。

③ 朱政：《嘉兴又添 109 个市级生态村》，载 http：//bay-hzrb.hangzhou.com.cn/system/2011/08/14/ 011459972.shtml，2011 年 8 月 14 日访问。

挥一方面与地方政府面临的社会管理压力密不可分，另一方面也与公众对政府职能发挥的期待密切相连。这两方面因素的叠加强化了政府在环境治理领域的主导者身份。比如：

——CN社区的居民谈到环保局的工作时说，嘉兴市政府为环境治理而进行了许多努力与创新，比如建立“河长制”，“三改一拆”，“市民检查团”，“环境监测站”等等。在环境执法上，他们随时都会检查，所以环保局那些环境监测的人都很辛苦，我们有一天去平湖，他们是随时都要抽查，半夜也是要去的。

——对于污染企业，虽然政府也检查印染厂纺织厂怎样处理污水，但有时候他们仍然达不了标，你也没办法。这都得政府来管，我们老百姓无能为力，除非是忍无可忍的时候（去投诉），其他也没什么办法。环境治理措施大多都是依赖于政府行为，民众实际能够参与并直接影响的情形并不多。

* 但是也有公众认为，目前政府环保机构的工作与百姓对政府的期待还是有一定差距的。这一差距主要体现在两个方面，一是政府本身的工作还不到位，在环境治理领域存在很多政府监管的真空地带；二是政府组织的环境宣传和教育活动还太少，邀请市民参与环境监督和检查的频率和范围还无法满足市民对于环境保护的迫切要求。比如在调研中反映出来：

——环保局的事情也蛮多，他们的人员又少，工作很忙的，（各种环境活动）这样的环境活动一年也就只有一次，就是到环境日的时候搞一搞，他们搞一次活动也要筹备好几天的，没有精力搞太多次。

——（只要）百姓反映的力度不够，政府就不会听的。有时候政府也应百姓的要求去检查，但检查的都是看得到的，那些看不到的污染也检查不了。

* 除了组织环保活动、邀请民众参与政府环境检查之外，政府还需要在推进民间环保组织的发展上进行更多的努力。这些来自民间的环保组织具有很多天然优势，比如能够迅速回应发生在老百姓身边的环境侵权案件，帮助政府部门高效准确地体察民情和收集民意，在很大程度上分担了政府的环境治理职能。因此，

有社区居民反映到：

——居民觉得政府座谈会（在他们社区内）一年一次是不够的，而且老百姓反应的问题政府也一时半会解决不了。所以，光靠政府的环保机构来进行工作是很不够的，只有依靠广大的公众参与才能真正地解决问题。

——居民认为企业的环保设备没有正常运转，白天处理排污，晚上就关机，抽样的时候处理一下，肯定是达标的，平时就偷排。居民晚上闻到气味打电话投诉，但是相关部门最快也要第二天才能到。市长热线也是有流程的，通过这个流程走到相关部门去，政府官员不可能马上到现场来的。假如居民成立了一个民间组织，上万人堵住这个厂，不让他们上下班，那可能政府会触动一点。但这是非法的，不行的。

* 由于政府机构具有其他社会主体无法比拟的社会权威，因而其能够在协调各方利益冲突时发挥关键性作用。居民在遭受环境侵害事件时，往往把问题向所属社区反映，也可能直接把问题反映给排污企业。而各方信息的不对称和信任关系的缺失容易引发居民的非理性行为，处理不慎甚至有可能引发环境群体性事件。在这一过程中，只有政府机构具有绝对的社会公信力来协调各方的利益冲突。

——政府对企业的污水废气排放量都有严格要求，它们每次抽检肯定都是达标的，不达标肯定是有罚单的，而且处罚力度很大。但环保局也不是天天在那里检测，所以实施下去可能很难。不过旁边的小区设有监测仪器是环保局的监控系统联网的，可以全天实时反馈。这几个厂在废气废水的处理上据企业所说是完全达到了指标，但居民还是感觉到有污染。所以，居民在环保公众参与这块觉得还是无能为力的。如果闻到气味居民就反映政府人员肯定会来检测，而且检测（结果）肯定是合格的，合格了又不能处罚他，它们这样无限地循环下去。

——居民参与热情肯定很高，但是需要政府组织啊。比如说有环境日这样的活动当做契机，组织一批市民到各个监测点去参观，了解一下工矿企业的情况，污染是不是达标。不过一年也就几次，政府也没那么大精力去管这个事，（应该）让底下居民去参与。

第三节　企业

1. 参与环境治理的现状

在环境治理过程中企业往往被看做是被监控者，污染者，是治理的对象。在中国快速的工业化进程中，许多企业常常处在更新换代和升级转型的进程中，因而不断地有设备和技术淘汰和更新。这些转型会有环境的代价，并因此导致企业与当地居民发生较为激烈的利益冲突。同时，由于生产领域和行业不同，有的企业在生产过程中会带来很大的污水排放问题。企业在环境污染和排放方面的不良行为就会对当地的社区和民众生活构成很大的危害。因此，如何处理好民众与企业的关系，也是检验嘉兴模式成败的关键问题。

不可否认的是，随着经济的快速崛起，经济发展与环境保护之间就容易形成一对难以调和的矛盾。很多地方政府既面临着保持经济增长的政绩压力，也承受着环境问责的压力。这两方面的压力导致许多地方政府（尤其是环境保护部门）与企业处在一种十分复杂的关系之中。规模大、效益好的企业往往能够和政府部门保持良性的互动，而众多中小型民营企业对政府部门的环境监督检查或多或少抱有一些逃避和对抗的态度。

在嘉兴，各企业对于环境保护认知度和政府对企业治污要求的执行状况很不一样。有的企业对于企业在环境治理的重要性和履行企业的社会责任的义务意识不强，对于公众的监督和参与处于消极的抵抗排斥态度中。特别是一些中小企业，它们的技术改造能力十分有限，在环境污染治理投入方面的能力也不大。因此，这些企业对于环境工作的要求常常采取应付的态度，有的企业甚至按照要求购买了污染处理的设备但也常常关闭，只有当面对参观考察检查时才运作。在一些极端情况下，个别污染严重的中小企业对于政府的治理要求甚至置之不理。例如位于南湖区七星镇东进村的某橱柜厂，租赁农居违法从事橱柜加工生产，未办理任何环保审批手续，也未配套建设环保治理设施。这些生产活动导致生产废气、废水未经任何处理直排外界，对环境造成严重污染。对此周边群众投诉不断，环保部门也责令其限时办理环保审批手续，但该厂拒不履行整改要求。最后环保部门通过公益诉讼迫使违法企业关停。

在另一方面，许多企业则保持与环境保护部门密切合作，参与到嘉兴模式的建设中来，积极地配合当地政府强化环境治理的行动。他们一方面具有较强的社会责任感，另一方面由于产品营销的原因需要在当地市场上保持良好的声誉，以及力求与地方政府保持良好的关系。并且，这些企业也有经济能力来进行相应的环保设备购置和添加，达到相应的技术要求。当然，各类企业在环境整改方面所进行的努力不仅仅单纯取决于企业的规模和生产产品的属性，更取决于他们与政府和非政府组织的关系。

在嘉兴，“韩泰轮胎”、“晓星化纤”、“禾欣实业”、民丰特种纸股份有限公司这些大中型企业都积极支持和推进“嘉兴模式”的完善。例如韩泰轮胎是一家生产子午轮胎的大型企业，1996 年在嘉兴设立了研发和生产基地，并在 2005 年以后决定采取新技术进行扩建。当时，为了采取新的生产工艺，韩泰轮胎在嘉兴市环保局的帮助下召开居民座谈会和专家座谈会，使其新技术能够为当地居民所接受，也基本满足了周边废气的达标情况。晓星化纤是一个成立于 2001 年的韩资企业，具有职工 1 000 多名，销售总额 20 亿以上。该企业强调企业的社会责任，在废气治理方面的达标，投入 7 千多万购置先进设施以满足北部附近区域对环保的要求。在他们看来，嘉兴市搭建起公众参与的平台，这对于企业来说，某种程度上说比政府给予的压力更大。

禾欣实业公司地处嘉兴市的北部，主要生产皮革产品，属于高污染行业。公司响应市政府关于城北废气治理的要求，投入近两千万的废气治理改造资金，为改善周边环境做出了极大的努力。在此过程中，他们邀请市环保专家服务团前往公司为其环境治理问题进行诊断，完成了综合污水处理站的恶臭净化处理制度。企业经营人员也会定期去居民小区以及公园去感受环境变化情况，一旦发现问题及时处置。民丰特种纸股份有限公司是专门生产卷烟纸等特种用纸的上市公司。该公司在减少环境污染方面建立了许多规章制度，把听取周边群众的意见作为重要的工作。该公司对生产过程有可能发生环境影响的先行告示和请求谅解，同时采取有效措施将影响降低到最低。该公司与居民开展信息交流和互动，公布公司环境投诉电话，实施定期回访，每年发布环境报告书，接受政府、社会团体和公众的监督检查。这些做法提高了企业的环境意识，促进企业持续发展和社会的和谐与稳定。

必须指出，在嘉兴模式的推进中企业并不仅仅是作为一个消极的参与者，或者作为被要求整改的对象，也是这一模式的获益者。通过参与环保治理的平台，许多企业与市环境联合会和市民检查团都建立了良好的关系。这些社会组织一方面对这些企业进行检查监督，另一方面也提供技术服务，从而强化了双方的关系。在嘉兴，环保联合会市民检查团和专家服务团对企业采取治污和环境治理的行动提出建议和技术服务。例如“环保市民检查团”和“环保专家服务团”把对于企业的监督检查与服务指导工作有机结合，推进环境治理协同合作机制的建立。与此同时，环境学会和产业协会也开展项目评估、上市公司核查、行业环保自查自纠、专项资金绩效考核等环境管理参与工作，形成“大环保”的氛围，不断拓展渠道，搭建平台。

政府组织也通过与社会组织的合作为企业提供服务。在嘉兴市秀洲区，环保局邀请环保组织的专家对区内环保“后进”的几家印染企业进行节能减排联合服务。专家们通过咨询企业实际情况、实地勘查生产车间之后，对企业主进行意见反馈，提出合理的技术改造整改意见（余热利用、中水回用、加强企业管理等）。2010 年 6 月，嘉兴市环保局还组织了环保专家服务团成员应海宁“瑞星皮革”、“大众皮业”和“宏昌制革”等三家企业的邀请前往进行技术指导，降低了污染也节约了成本[①]。

2. 社会反映

* 企业的生产行为不可避免会地对自然环境带来影响，尤其是橡胶、皮革类生产企业将会对大气和水资源带来严重的污染。经济增长与环境保护之间的矛盾是在地方经济发展过程中不能回避的问题。如何处理好这一矛盾与当地政府的发展战略相关联，也与地方老百姓对日常生活的满意度息息相关。近年来在政府和社会组织的共同努力下促使一些大的污染企业进行了搬迁，驻留企业加大了环境污染治理的技术改造力度，重视群众的诉求，尽可能地使经济发展不以牺牲环境为代价。在调研中人们反映：

① 嘉兴市环境保护局：《环保专家服务团为解决海宁三家企业氨氮超标问题提供技术指导》，载 http://www.jepb.gov.cn/News/4/c7e8a95c2fabf17a7bdd346d221f285c5a8d3f87.html，2010 年 6 月 23 日访问。

——嘉兴近几年的企业污染主要是化工企业的污染。存在的问题主要有两方面，一个是企业乱排放。我们小的时候河水都可以喝，后来河水越来越黑，想喝也喝不了。近几年政府清淤啊，各方面的力度在加强，河水开始变清。但是我们肉眼看不到的东西它是不是还在排，要打一个问号。另一方面是噪音。我们生活的小区周围产生噪音的企业很多。既然这个区域的定位是生活小区，那是不是应该经过协调把附近的这个（噪音）污染企业尽早搬迁。这个问题摆在眼前，老百姓已经反映三四年了，一直等下去基本上遥遥无期了。

——环境违法居高不下的原因有许多，一是企业有合格的环保措施，但没有合格的环保管理人员，使工作流于形式化，二是企业环境法律意识淡薄，企业偷排、超标，一些企业成了环境累犯，三是操作制度内部管理不规范，四是环保设施维护不到位，资金已经投入了，所以其主要不是设备问题，而是人的问题。有居民曾向一家钢铁厂的老板反映晚上噪音太大的问题，老板就到车间里去跟那些外地工人说，如果晚上再那么大声音，就把他们辞退。说过以后就好了。居民觉得处理好了就算了，也不用投诉了。

* 企业的生产经营活动不单单是追求自身经济利益的最大化，也要履行一定的社会责任来回应社会对企业的期望。在环境治理方面，企业要积极回应民众的环境诉求、配合政府环保部门履行相应的环境责任。事实上，一些企业也举办各类环保宣传活动，在社会上倡导绿色生活理念、主动邀请居民参观企业废水废气处理设备、加强与企业周边社区居民的交流与互动等取得了一定的成效。

——在环保局和联合会的影响下，企业在公众参与方面都或多或少地采取了一些措施，比如请民众来企业参观，让企业高管住到周边小区，通过热线、微博等平台及时处理民众反映的问题，打电话沟通，有误会请人直接到厂里视察，定期回访周围的相关方，办年报等信息公开，每年接受联合会和环保局的查访。当然，企业与民众的矛盾还是很突出的。经常会出现网上诽谤，双方不配合，沟通困难的情况，所以希望社团组织能够搭建一个平台，能让民众更加理性、有序地参与。

——我们老百姓还是希望在企业污染的治理方面不仅要有形式的创新，更希望看到实际的效果。譬如对于空气监测站的设立，这个监测站具体到底能够发挥到怎样的作用或者起到什么样的效果，我们还是不太清楚。印染污水处理的问题不知有多少年了，一直是这样。对于这个问题有过处理，电视报道也很多。大型企业做得还好，污水进污水处理池，但零散户（小型企业）就偷偷排。

* 企业采取的各种工作措施，有些可以起到立竿见影的效果来消除居民对企业生产行为的质疑，有些则也可能会引起居民的担心和忧虑。因为居民往往处于环境信息不对称的弱势地位，政府应当尊重他们出于对自身健康权的维护而向企业反映排污问题的权利。无论产生何种效果对居民来说都是正常的。在调研中，我们看到企业会组织居民代表定期召开座谈会来交流相互的关切，也有些居民通过媒体渠道向企业的排污行为施加压力。

——一些企业每年会定期请周边社区进行座谈交流，但在我们这个社区没有涉及类似的问题。其他居民小区（像太阳城，紫西那边）可能有。企业常常在要上马新项目，要周围社区同意签字时来社区座谈。但这样的座谈也是政府强制的，企业不会主动来找我们坐在这里座谈的。

——因为民众缺少直接有效的权力和广泛而有效的渠道，一些企业对居民的反映置之不理。要找企业的话，他一知道你是附近居民，连大门口都进不去。居民认为和企业对话没有效果。群众是有心参与，但是参与不进去。因此，在多数情况下居民参与企业污染治理，只能直接或借助媒体向政府施压，进而要求企业整改。所以，建立适合公众参与制度，让老百姓感受到实实在在的环境权的存在，是企业污染治理的重要一环。

* 当然，针对居民提出的各种诉求，企业有时也常常处于无奈的境地。企业一方面承担着创造就业岗位、服务地方经济发展的重要作用，另一方面也要承担着环境污染治理带给自身经营活动的负向成本。从企业的角度出发，他们希望自己的努力能够得到周围社区居民的理解与支持，不希望看到居民非理性的、毫无建设意义的无端指责。因此，企业代表在座谈会中也谈到：

——企业是社会的细胞，不仅承担着国家经济建设，提高人民生活水平的责任，也承担着相应的环境责任。企业的发展不仅要取得政府的许可，更需要取得社会的许可。在环保法律法规中有公众参与的详细条款，对环境影响公众参与的方式程序也做了详细规定。环保团体作为非官方机构可以将民意真实地反馈给政府和企业，公众参与介入到建设生产经营服务活动全过程，广泛的信息公开和了解处理意见（民丰特种纸股份有限公司）。

——对环境公众参与的建议和想法，一是环境公众参与要受政府的监督引导。对于与此相关的法律法规政策的建立与完善参与机制的建立，我们觉得还要进一步探讨和研究。二是专家评审团的客观公正权威的结论或者意见如何实施。三是公众参与人员的组成、履行深度及范围也有待进一步探索（禾欣实业）。

——有些居民并不了解事实的真相，他们看到身边人的抗议活动就会盲从，而且他们对政府和企业是不信任的，无论我们怎样解释，怎样公开信息，都是不起作用的。他们有些时候的要求是过分的，毫无道理的，我们自然不可能接受。

第四节　社区

1. 参与环境治理的现状

在中国目前的政府组织层级下，社区并不属于政府部门而是一个有中国特色的基层居民自治组织，并不具备丰厚的行政资源和财政资源来运作，所以社区组织单单依靠自身资源或者上级政府部门的财政支持很难实施广泛的社会管理职能。这种地位决定了社区自身并没有很大的动力和资源参与环境治理。他们往往承担着传统意义上的社区行政工作，包括社会控制的功能、社区服务的功能和社会保障的功能等等，而在环境治理发挥的作用并不明显。在嘉兴模式中，社区在环境治理方面所发挥的作用也十分有限。其主要活动集中在环保知识的宣传和教育方面。一些社区会每月举办一次环保讲座，发放宣传册；有的则每月一至两次配合环保局进行环保咨询，或是进行有奖回答活动。也有的定期张贴一些环保宣传资料。在我们的调查中，CN 社区举办环保讲座每个月一次，XJN 社区则是发放宣传册，并且每月配合环保局进行一至两次环保咨询。TX 社区则不定期张贴一些环保宣传资料；QH 社区则将环保的宣传教育与平时的志愿者活动结合起来，而 FB 社区，则几乎没有相关方面的环保宣传。

在调查中我们也发现，社区组织与嘉兴市环保联合会和相关社会组织的联系并不十分密切。这是因为环保联合会的生态文明讲师团主要是针对污染企业，而像社区这些生活区域通常污染比较少因而不是重点关注对象。因此，社区也举办一些环境监督活动和志愿者活动，而并不是通过环保联合会来展开工作。如 XJN 社区经常组织居民配合一些建设项目做环境评价，以随机发放问卷的形式，来让居民对要建设在其生活环境周边的项目发表意见。这些社区在环保知识讲座、垃圾分拣倡导和环境意识教育对推进参与环境治理也有积极的作用。但是，这些活动可以是单独举行也常常与其他社区活动相结合，因为各个社区的环境宣传内容十分接近，形式、参与人群和宣传内容大同小异。

然而，在针对社区直接面临的水污染问题上，社区的参与程度极为有限。因为社区本身不具有可获得的资源来处理水污染问题，因而社区工作者避免谈论这一问题，认为对相关问题的讨论“反而是有点像社区带头挑起民愤”。同样的情况也存在在其他社区。他们对水环境保护也几乎没有任何宣传，XJN 社区的工作人员更是表示对政府公布的数据不信任，因此也不做这方面的宣传。环评公众参与工作大多是在周边环境好，或者是住宅区或旅游景点的社区进行，而周边环境较差，邻近工业区和农业区的社区，这样的自发组织或政府组织的环评公众参与活动则少之又少。

当然回避并不能解决这些问题。当周边工业区的项目或是运营影响了社区生活时，居民就会自发组织拉横幅，抗议，或是网上投诉，并可能采取一些较为激烈的活动方式。这些居民未必会通过社区活动的方式来反映其利益，而是通过社会群体组织的方式来反映。在嘉兴，几乎每个社区都有环保志愿者。嘉兴市有环保志愿者网络报名平台，市民可以通过报名成为志愿者，分配到各个所在的社区，社区再根据人员架构及所在社区的环境问题来组织志愿者活动，但他们活动的内容则多是集中于小区日常生活环境的改善上，而且这些志愿者多是中老年人，退休职工或是学生，群体分布略为单一。

另外，社区组织在环境监督方面也可以发挥一定的作用。2010 年以来，嘉兴环保部门聘请三十多人担任社区居民环境保护监督员，建立起社区居民环境保护监督员队伍。这些监督员以街道、社区推荐和委托社区报名等方式产生，由市区北部大气污染整治区域周边各社区中热心环保的居民组成。社区居民环保监督员对企业环保工作实施监督、监控和举报环境违法行为，协助执法部门查处环境违法行为。他们也进行宣传环保，协助处理纠纷，收集群众的环保意见和建议，还与企业环保管理员队伍、街道环保专管员队伍一起，在嘉兴从事基础的环保工作①。

2. 社会反映

* 社区组织参与环境活动的频率有限，聚焦的领域也十分狭窄。社区在环境保护方面所组织的活动常常是上级部门指派，内容包括环保知识和技能的讲座宣传、垃圾分类和绿色生活的倡导、环保志愿活动的组织和策划等，而对于居民提出的环境诉求则没有更多的能力加以解决。

——F 小区组织的与环保相关的活动主要就是全民大扫除似的活动，两个月一次，平时的卫生是由清洁工人负责的。参与这种活动的大多都是作为片区组长的已退休的大伯大妈，年轻人要上班没有空。另外，小区进行过垃圾分类的宣传，但是效果似乎并不是很好；对于小区附近的河道，“现在专门承包给人，几乎每天都有人在打捞。”其他方面的内容主要是“生活环境的绿化”。

——T 社区内有 8 支志愿者队伍，但没有特地成立环保志愿者队伍，“环保其实也是穿插进行的”。社区也会组织一些宣传活动，居民也都积极配合；居民关于环境问题向居委会的反映主要是一些生活小事，如水管堵塞、装修噪音以及周边卫生不干净等。空气污染方面我们就无能为力了，我们不清楚空气质量到底怎么样。

——整个嘉兴的垃圾分类在马路上两边已经有了，但它真正在回收站还没有归类，今年和同济大学嘉兴学院的学生一起做垃圾分类，主要是给老百姓一种环保的理念，意识的教育，这个我们每年都要做。现在我们对有毒垃圾还是分出来

① 嘉兴市环境保护局：《嘉兴经开区分局建立“三员”队伍让基层环保更有厚度》，载 http：//www.jepb.gov.cn/News/1/7ee761a76a2425d523f7ee38a9932618e3b66dbc.html，2011 年 1 月 28 日访问。

分拣的，但如果要彻底把可回收和不可回收的垃圾分开还是没做到。我们还只停留在理念的灌输上，但居民的环保意识教育也很重要。”

＊ 由于社区本身并不作为一级地方政府组织，所以其在权力拥有、资源活动、组织动员等方面都不能和政府组织相提并论。因此，社区对于环境污染问题的介入程度常常受制于上述因素，很多问题的处置也远远超出了社区本身的工作能力范围之外。在调研中，我们发现在发生环境利益冲突时，社区往往与街道办、物业公司和业主委员会相互合作来化解居民的矛盾冲突。另一方面，绿色社区的创建工作也是社区环保工作的一大亮点，并已经取得了许多积极的成效。

——社区居民在反映环境污染问题时一般采取两个渠道，一个是到社区的办事大厅反映；另一个是到我们的物业公司。如果能够落实解决了，他也不会去找市长热线了。毕竟解决这些问题比较难，需要有一个过程，而且牵涉到执法这一方面的内容，肯定是要有一个过程的。工厂影响居民生活的问题能私下解决的就私下解决，不能解决的再向社区反映。社区方面没有专人负责环保方面的投诉，都是接到投诉后去跟工厂调解。居民觉得参加这样的活动的主要作用就是了解一下情况，老百姓反应的问题政府也一时半会解决不了。

——绿色社区的建设。紫溪社区处于嘉兴的东北侧，区域面积 0.65 平方公里，成立于 2005 年 7 月，建成住宅 65 栋，包括住宅 1 647 户。社区以创建生态型社区为特色，打造绿色生态家园，以达到节约能源的目标。社区启动节能减排家庭活动评选，开设文明市民学校宣传环保主题，实现了雨污分流管网化，家庭垃圾袋转分类化，组建了环保监督队伍，与辖区的阳光小学开展活动，建成空气监测站，与环保部门、业委会、物业公司召开座谈会听取居民建议，保护社区的优美环境。控制噪声污染，定期巡查，发现问题及时与环保部门取得联系。

＊ 由于每个社区在居民构成、地理位置等方面都存在着自身的差异，故其社区居民在对待环境治理的态度上也会呈现不同的特点。有些社区距离工业园区的空间距离十分接近，因而受到环境污染侵害的可能性就更大。如果社区管理者不能够对社区居民的环境诉求及时回应，就有可能导致群众性的环境冲突，威胁社

区的稳定和谐。

——整个嘉兴市区的不同片区污染各不相同。王江泾镇印染企业比较多，污水处理问题严重。多年来一直如此，很难把它遏制住。对此政府需要采取措施，在办营业执照时就要在源头上卡住。对于噪音和空气污染，居民对于这些污染不太了解，有些有害的东西味道很轻感觉不到，但居民希望这方面更加引起重视，这比有气味的污染更有害。污染企业离我们社区较远居民看不到，也不清楚，因为有可能是冬天吹西北风带来的。

——通常社区向企业反映污染问题的很少，因为你不知道这些污染是哪家企业造成的。企业在公众参与方面都或多或少地采取了一些措施，比如请民众来企业参观，让企业高管住到周边小区，通过热线、微博等平台及时处理民众反映的问题，打电话沟通，定期回访周围企业，每年接受联合会和环保局的查访。但企业与民众的矛盾还是很突出，经常会出现网上诽谤，沟通困难的情况，所以，建设社区社团组织能够搭建平台，让民众更加理性、有序地参与。社区也有一个社区联席会议制度和居民保持联系的会议制度，他们也经常来参与，通过这种互动的机制让社区活动在公众参与方面更上一个新台阶。

第五节　公　民

1. 参与环境治理的现状

近年来，公民的环境意识在不断的增强，各种社会组织在倡导生态文明过程中也进行环境教育。在嘉兴，环保部门通过生态文明的宣传普及，大力发展群众性节能减排科普宣传活动，开展以“多样的物种、唯一的地球、共同的未来”的理念来宣传和倡导绿色生活，使绿色低碳消费观念进入每个家庭。截至 2011 年，嘉兴市已建成国家级绿色学校 5 所，省级绿色学校 103 所，市级绿色学校 223 所；还有国家级绿色社区 2 个，省级绿色社区 77 个，市级绿色社区 132 个[①]。此外，

① 陈雪峰：《今年新建成省级绿色社区 15 个，市级绿色学校 16 所："绿色系"创建显成效》，载 http://wxz.zjol.com.cn/xznews/system/2011/12/23/014600508.shtml，2011 年 11 月 23 日访问。

还有省级生态环境教育示范基地 10 个、省级绿色企业 40 家、省级绿色饭店 29 家、省级绿色医院 18 家、省级绿色家庭 140 户[①]。同时，嘉兴市也组建了遍布全市的生态创建网络。市政府大力鼓励培养资源节约型、环境友好型、教学创新型、人际和谐型、实践技能型的“五型人才”。同时，实施“十百千万”计划，即各地要发现并培养 10 名左右能够起到引领公众的环保骨干分子，培养 100 名左右能经常参与环保公益活动的积极分子，培养 1 000 名以上有热情、有能力参与环保公益活动的志愿者，以期带动身边更多的人了解并参与环保行动。

另外，嘉兴公众参与的模式也大力鼓励公众作为公民个体积极参与到环境治理的过程中。包括预案参与、过程参与、末端参与、行为参与等各种方式，通过各类形式的参与，把环境治理的风险分解到项目执行的各个环节中。目前的参与大多是在环境风险发生之后的一种消极被动的末端参与，还不能和预案参与、过程参与和行为参与等其他几个方面的参与机制形成有效结合[②]。要提升参与的有效性就要有公民的全程参与。

2. 社会反映

* 随着公民自身的环保意识在不断加强，整个社会的环保氛围也不断浓厚。尽管如此，公民环境参与的现状和程度在实际中却不尽乐观。由于环境保护公众参与的程度与公民自身的专业素质密切相关，也与其公共意识和公共精神有很大联系，因此，我们一方面需要继续加强新闻媒体的价值观引领作用，另一方面也要积极培育公民的公共视野和公共精神。

——在环保意识的培育方面，目前的媒体宣传还不到位，民众的环保意识不高，垃圾分类反而越分越累。公众的参与目前还是很肤浅的，正处在起步阶段。一般来说，普通居民所关心的就是自己的居住环境，这也是无可非议的。

——公众参与环境治理，首先就是要建立在信任的基础上。政府也好，民众也好，企业也好，都要建立信任的前提上。民众高度关注环境事件并放到网上讨

① 朱政：《嘉兴又添 109 个市级生态村》，载 http://bay-hzrb.hangzhou.com.cn/system/2011/08/14/ 011459972.shtml，2011 年 8 月 14 日访问。

② 黄琳丽：《社区中环保公众参与机制浅议》，载《科技信息》2012 年第 36 期，第 539 页。

论，也是基于信任，把信息传递给政府组织以便及时处理与沟通，以期能够有效地缓解矛盾。

——在企业污染治理方面，老百姓大多认为他们处于被动的接受者地位。因为有些企业离他们较远，没有直接的利益冲突，虽然会偶尔担心受到影响，但也觉得没有行动起来的必要，而且他们对企业污染治理方面的了解也大多停留在新闻媒体方面。

* 目前在嘉兴，公众参与环境保护的渠道已日渐多样，包括社区层面的参与、企业环保活动的参与、政府座谈会的参加、志愿者活动的开展等等。但是我们也必须注意到公众参与的实际效果是否达到了预期的目标，而不仅仅是公民的环境参与这种形式或“走过场”。在访谈中，有许多居民代表和社区工作人员代表就此问题发表了自己的看法，比较集中地反映在以下几个方面：

——我们觉得在公众参与问题上现在的问题是参与不足。公众参与环保意识虽然有了很大提高，但参与水平和主动性比较低，大多是被动参与。公众参与环保形式也比较单一，主要是社区开展的环境整洁活动，志愿者便民服务等。参与社区活动的大都是物业和业委会成员以及楼道组长什么的，还是有点偏向性的。普通百姓你让他参加他们也不太可能参加，他们也不太关心。

——居民反映环境问题的渠道很多，有一定作用。居民也知道政府、企业的监测机制比较健全，但还是没有彻底消灭废气排放。现在嘉兴有 12345 市长电话，社区会做好宣传，环保局作为社区的共建单位也会协助。但居委会觉得我们社区这边没有污染源，所以环境参与的主要任务仅仅在环境宣传。

——居民进行呼吁的渠道除了打环保局电话，还有市长热线网上投诉投票等多种渠道。有一个禾欣第三期的工程项目要进来，环保局公示了，全体居民在网上投票，反应强烈，居民还拉了横幅到市政府、汽车北站，不让新项目进来，不让其扩大再生产，导致新项目取消，禾欣没能扩建。居民的意见在一定程度上还是可以左右政府的决策的，政府还是比较尊重居民意见的，它的工作出发点还是为了老百姓。

* 当然我们也必须认识到，公众自身的参与能力也在很大程度上决定着公众参与的实际效果。参与能力的提升意味着公民首先要有先进的环保理念，其次要有强烈的责任感和使命感，再次还要具备环境领域的专业理论和知识。通过对政府官员、企业、社区和居民的调研，我们发现公民自身的参与能力还有待进一步提升。正如受访对象谈到的：

——整体来说，嘉兴做的还是可以的。我觉得，关于环境这事还是与人的素质有关的。每一个人都应该要参与到环保上来，而且不能靠一时的热情，要形成一种氛围、一种理念在全社会倡导起来。

——这个环境监测站具体能够发挥怎样的作用或者起到什么样的效果，我们还是不太清楚。他们到我们小区监测了一天，也没有明确的数据告诉我们，可能公布到网上，否则我们一般也不会去看。可能有一些二氧化硫，苯（的有害气体），对人的神经有影响"，但监测的覆盖不完全。

——环境参与要懂一点专业知识，包括你们刚才说的空气质量指标，我们也不太懂。现在我们居民可能更多的就是只看到结果。我们普通老百姓只能关注自己身边的事去尽自己的一份力。所以，政府应该多组织一些环保活动，比如自然生态，野生动物保护方面都应该有。

总之，在嘉兴，地方政府的环保意识很强，公众和社区的环保意识也在不断提升。目前，嘉兴的公民参与模式已经起步，政府与社会组织一起合作推进环境治理工作和社会创新。在社会中产生一定的影响力。通过嘉兴模式的发展，民众获得了一定的环境决策权利，并提高了参与社会管理（环境治理）的积极性。当然，嘉兴市的环境保护公众参与主要是通过社会组织来实现的，而在社区和个人层面上的参与还有待进一步发展。老百姓看到了政府治理工作的努力，也看到了企业的改善，但企业与居民的互动还十分缺乏。一旦形成矛盾和冲突，企业主和经营者会抱怨市民的一些要求非理性，而市民则会抱怨企业对他们的要求置之不理。在这些发展中不可避免地存在着利益矛盾。因此，只有形成有效互动的机制才能够真正解决这些问题。

第六节　行动主体之间的相互关系

通过以上的考察，我们可以看到介入环境民主参与各方的基本情况，在此基础上，我们可以考察介入嘉兴环境治理过程的社会各方主体之间的关系。在此，我们可以采用利益相关者的理论来展开对于嘉兴模式机制的分析。这一理论来源于对企业管理和经营理论中企业所有权和控制权问题的讨论。它借鉴了现代契约理论、产权交易理论、企业伦理理论、企业社会责任理论、可持续发展理论等领域的思想和观点，对“股东至上”治理模式的挑战（见下图9所示）。从传统意义上讲，利益相关者的分析方法常常应用于对企业生产经济行为的分析中，在这一研究语境下，利益相关者被定义为“对公司财富增长做出自愿或非自愿贡献的个人和团体，他们因此可能成为潜在的受益者或风险的承担者”。根据这一定义，企业的重要利益相关者包括股东、雇员、投资者、消费者、政府、供应商等。由于不同的利益相关者有着不同的利益边界，他们之间也常常产生利益的交互和冲突。因此，探讨企业与各个利益相关方之间交互关系的框架在商业领域的学术研究中是十分常见的，这也是企业展示自己经营活动和社会参与的典型方式。

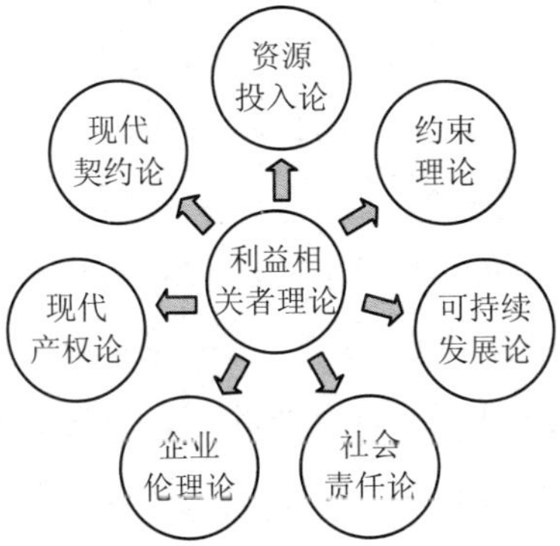

资料来源：甘昌盛等：《企业的环境利益相关者研究》，载《中国人口·资源与环境》2012年第11期。

图9　利益相关者理论图

根据这一理论视角，我们可以看到在嘉兴模式中，各方参与者所起的作用的强弱很不相同。其中，政府在嘉兴模式的运作中居于主导地位。正如我们所看到的，自2008年以来，嘉兴市政府把环境保护提升到了城市发展战略的高度，确立了“生态立市”的总目标。沿着这一导向，嘉兴市环保局在整个社会层面进行广泛动员和宣传，提升公众和企业的环保意识，市环保局也先后组建了环保志愿者服务队、节能减排志愿者先锋服务队，又向社会公开招聘成立了市民环保检查团、环保专家服务团、生态文明宣讲团以及浙江省首家环保权益维护中心。正是在此基础上，2011年嘉兴市成立了浙江省首家环保联合会，并且促进各区县成立了9个环保联合会的分会。此外，政府也加大了环境信息公开和披露的力度，包括定期公开各类环境质量监测的数据和企业环境信用等级的评价结果，并举办各类环境听证会以保障公众的知情权和参与权。

当然，政府部门的主导工作对于嘉兴环境治理模式的形成是必要的，但还远远不够。仅靠政府主导而缺乏其他主体的参与则无法形成嘉兴模式。从实质上说，嘉兴模式是一个通过社会组织倡导公民参与的模式，其通过各主体之间的互动来达成。如前所述，嘉兴模式的特点在于各种社会组织（如市民检查团、专家服务团、志愿者团队等）的积极活动。这些社会组织的作用可以是多方面的，而大力发展社会组织导向也为嘉兴市政府大力推进。在这一机制中，社会组织是该模式运作的重要倡导者和追随者，企业是该模式重要的利益攸关者，社区则扮演了消极被动的配合者角色，公民是该模式最为主要的参与者。这种关系可以通过图10表示出来。

当然，从公众参与的角度来评价，我们看到这一模式中公众个人和社区的作用十分有限。在访谈中，我们看到一些公民个体在自身居住环境受到损害的过程中，会利用法律诉讼程序反对企业的排污行为，也有公民利用网络进行环境意识的宣传和环境诉求的表达。这说明公民并不缺乏环境意识，而是缺乏有组织的行动和必要的机制。在另一方面，在对社区的访谈中，我们也经常看到社区对环境治理公众参与方式的普及上无法有效地整合辖区内的志愿者资源参与环境治理的工作。社区对环境议题的行动范围十分狭窄，其工作内容大都集中在环境知识的宣传上，垃圾分类，社区绿化建设，或是配合上级政府的调研检查上，这就影响到它们在嘉兴环境治理模式中所发挥的作用。同时，公众个体的环境参与活动也缺乏动力，也会与企业的利益有所矛盾。在调查中我们常常听到企业管理者抱怨公众的非理性和无理取闹，使双方难以突破利益的局限而达成解决问题的协议。

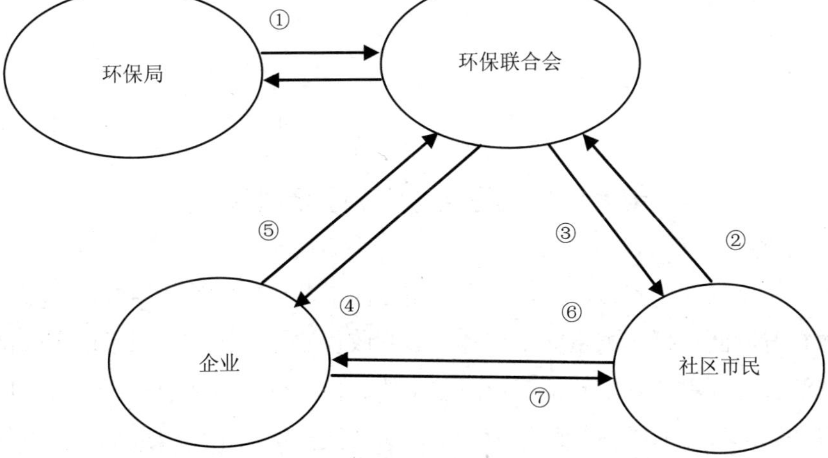

注释：① 表示环保联合会仍是在环保局主导下的组织，其活动经费、活动项目和活动地点往往受到环保局限制；② 表示市民参与环保联合会，其主要形式是专家服务团、讲师团、市民检查团和志愿者；③表示环保联合会将志愿者信息和环保信息公布给市民；④表示环保联合会对企业的不定期检查和服务；⑤表示企业将相关信息反馈给环保联合会；⑥表示市民可以参观企业生产流程并对企业提出问题；⑦表示企业将环境投诉电话、生产流程等信息公布给企业。

图 10　嘉兴市的公众参与环境保护模式图

第四章　嘉兴模式的发展进程

第一节　嘉兴模式的形成条件

在环境治理中，政府的环保部门是主导因素，他们在环境监督、环境立法、判决执行等方面承担着大量的工作。环境行政执法，是国家环保行政主管部门或其他依法行使环境监管权的部门依照法定的职权与程序对环境行政相对人所实施的具有法律约束力的具体行政行为，是国家行政执法的重要组成部分。以往，环境保护工作常常被片面的沿着技术路线在推进。人们认为环境监督和环境执法工作技术性很强，需要环境专家，法律专家和管理专家的介入，也需要环境部门的政府工作人员通过大量的行政工作来推进。这也使许多民众认为环保是少数专家和政府的事，自己不懂环境指标，无从参与。然而，环境监管和环境治理既有技术方面的问题，也有社会管理的问题。即便我们可以把环境管理工作分片包干、归口分管，或者把工作任务进行有效地分解进行专业化管理，这些工作与普通公众对于环境治理的要求仍然有很大的距离。而且，我们也看到一些地方政府为了改善投资环境发展经济，人为地降低了环境执法的力度，或者设置了若干“重点企业”或者“特殊照顾企业”免于环境执法检查。这种状况表明，单纯地采用自上而下的政府管理模式并不能真正解决环境污染的问题。这就要求公众对于环境监督和执法应该也要有所作为。这种需求是形成环境民主机制建设的起点。在此，发展公众参与，形成自下而上的治理模式，就成为解决问题的必要途径。

在嘉兴市，其最大的环境问题是城北区的化工污染和整个嘉兴地区的水质问题。尽管城北工业污染问题可以通过环境执法和企业的拆迁的形式来解决，但如何监督这些污染问题，控制污水排放，则需要有普通公众在环境监管和执法过程中的普遍参与。为了推进公众参与环境治理的进程的发展，2010年，嘉兴市检察院和嘉兴市环保局联合出台了《关于环境保护公益诉讼的若干意见》。该文件规定，对于环境污染案件，嘉兴市检察机关可以按照民事督促起诉的相关规定，并根据不同情形做出支持起诉、督促起诉或提起环境公益诉讼。对于涉及侵害环境公益的民事案件，只要当事人的财产权或人身权受到环境污染行为侵害、受害者因证据收集或者诉讼能力缺乏等原因尚未起诉、受害人有起诉意愿的，嘉兴市两级检察院就可以支持相关单位、诉讼代表人或者个人进行起诉。环境公益诉讼制度的实行鼓励公民积极参与环境法治进程。以南湖区为例，自从嘉兴市《关于环境保护公益诉讼若干意见》出台之后，至少已经有13起损害水环境的侵权民事案件移交检察院提起诉讼。

与此同时，围绕"飞行监测"执法，嘉兴市环保局也制定和完善了《嘉兴市环境污染举报奖励办法》《嘉兴市环保信用不良企业公示管理办法》《嘉兴市企业环境行为信用等级评价实施办法》。结合公众参与体制建设，确定了下派环保专管员规定，以确保公众的环境参与权、知情权和监督权。另外，在环境监督方面，嘉兴市还依托网络平台开展环境教育、行为规范、污染防治等内容的绿色创建活动，这些措施都为环保的公众参与提供了良好的制度化条件。然而，这些努力强化了环境监督和治理的有效性，也为培育嘉兴的公众参与模式提供了基础和环境。围绕公众意见收集方面，2010年嘉兴市环保局出台了《关于加强媒体与网络舆情应对工作的意见》，要求市环保局设置网络舆情观察员这一岗位，负责收集全市各网络论坛上的环保信息、监控网络环保舆情[①]。

然而，这些工作的努力并未真正缓解政府的环保部门在环境治理方面所面临的压力。在政府的环境执法过程中，由于政府的人力和财力资源的都十分有限，不可能关注到环境治理的方方面面。因而，发动群众参与到环境执法过程中来可以消灭监管死角，达到全方位的社会监控。由于社会组织有许多成员，因而能够发现许多被政府监管部门所忽略的问题。而且，由于政府职能部门往往呈现出条块分割、利益冲突的局面，使得政府在环境治理领域常常无法对其发挥有效监管作用，但环保组织可以作为公共利益的代表来推进环保监督进程。与此同时，自

① 嘉兴市环境保护局：《嘉兴公众参与环保迈入"网络时代"》，载 http：//www.jepb.gov.cn/News/172/f829845cfe91ef7bf5b432a3ffad7587dab0897d.html，2010年11月8日访问。

2006年以来，浙江省大力推进环境保护工作，并把环境污染防治纳入领导干部政绩考核，2009 年浙江省发布了《浙江省生态环境质量评价报告》，嘉兴市在浙江省11个地级市在环境治理的工作评比中居倒数第一，这种情况对政府官员的政绩形成了巨大压力。

而且，环保问题不仅仅涉及简单环境保护问题本身，还有可能涉及广泛地域内的环保运动。这些环保运动有可能超越“底线”，对社会稳定形成挑战。在嘉兴过去的10年中，以环境污染为由而引发的重大矛盾纠纷陆续发生，有的还表现得较为激烈并且最终酿成了群体性事件。特别是2001年的“零点事件”表达了民众对于嘉兴市水污染的愤怒，这使嘉兴市环保部门在环境治理问题上面临着很大的压力。在嘉兴的调研中，人们也谈到，

——当发生重大污染问题时，居民的抗议是自发聚集的，如自发的签名。由于关系到老百姓的切身关系，有污染事件大家班都不上了，全部去游行。尽管社区并没有专门为环境设立的群，也没有考虑过社区牵头成立环保民间组织，但居民中的积极分子还是会自发去做的。

针对这种情况，通过形成公民参与的制度来缓解利益冲突是一种解决问题的有效办法。根据这一思路，嘉兴市环保部门力图寻找环境治理的新途径。时任环保局长大力推动社会组织的建设，并把建设政府与民间组织的协作关系作为推进社会管理创新和民主生态的试验区。嘉兴市在嘉兴工业区、秀洲工业园区、嘉兴经济开发区、乍浦经济开发区成立了环境建设项目公众参与团，并在每个区设立了一个公众参与小组，以便提高公众环保参与意识。这些组织的建立进一步拓宽了基层群众的环境参与途径。从环境民主的角度看，这些努力的成效不仅仅在于如何提高环境管理体系的有效运作，或者是如何解决环境污染所造成的后果，而在于如何实现公众的有效参与，缓解社会矛盾。然而，这些公众参与的活动往往是因事而异，因人而异或因时而异，尚未形成系统的可持续的制度模式来运作。

第二节　嘉兴模式的特点

基于这些社会实践的基础上，嘉兴模式在社会各方主体的努力下在2011年以

来逐渐成形。这一模式的确立以六大现象的形成为特征（“大环保”、“圆桌会”、“评审员”、“道歉书”、“点单式”、“联动化”），并且具有一定的制度化程度的公众参与机制。这些制度模式也逐渐通过政策性文件的方式确定下来，具有一定的稳定性。这一模式的特点是政府通过社会组织来推进公众参与环境治理的进程。嘉兴模式建立的最初动力来自于政绩驱动和地方政府社会创新的动力。尽管其得益于环保部门主政官员的直接推动，具有明显的政绩观，但是随后几年地方政府创新的实践，持续推动了嘉兴模式的发展，即使政府部门人员的变动也没有影响其实践的轨迹。通过组织嘉兴环境保护联合会及其下属机构，地方环境保护部门创立了这一公众参与模式，并采取自上而下的方式在嘉兴市范围内推进。

在此过程中，嘉兴市大力推行环境执法的公众参与。例如嘉兴市南湖区政府率先推出“行政处罚案件公众参与审议制度”。这一制度将公众参与的机制引入环境行政处罚的审议过程，通过组成公众评审团并召开案件公众评审会，对相关行政处罚案件进行评议，并最终作为环保局做出行政处罚决定的重要参考依据。该制度的执行引起了包括《中国环境报》、《浙江日报》、《嘉兴日报》等省内外媒体的关注[①]。与此相应，嘉兴市环保局也出台了《嘉兴市环保局行政处罚公众评审员管理办法（试行）》，规定公众评审员享有对环保案件的办案过程、法律适用、处罚告知和当事人陈述等情况的知情权，以及对环境行政处罚发表评议意见，监督政府的环境行政处罚行为的权利。通过这个地方规定，公众可以参与行政处罚过程，具有公众“环境法官”的资格[②]。

因此，在模式形成之初，这些由政府发动的社会组织的目的主要在于配合政府进行环境治理。当这些组织成长到一定阶段后，开始进行制度建设，由非正式走向正式，由意愿行为向制度化演变。作为这些社会组织的成员构成，其组织成员最初主要来自政府机关和事业单位的退休人员而社会一般公民介入则很少。但在随后的发展中，这些社会组织也通过当地报刊和网络招聘自愿者的形式丰富起来。因此，嘉兴模式的发展过程也是各种社会主体的参与和介入的过程。作为公众参与模式，嘉兴模式鼓励公众参与到这些组织中来并介入环境决策的过程中。

① 嘉兴市人民政府：《公众参与阳光执法南湖区建立环境行政处罚案件公众参与制度》，载 http：//www.jxfzb.gov.cn/Article/Show.asp？ID=578，2009 年 8 月 21 日访问。

② 嘉兴市环境保护局：《嘉兴市环保局行政处罚公众评审员管理办法（试行）》出台，载 http：//www.jepb.gov.cn/News/1/74c54cae17a0b22e5a8ef010cd0fac8f9ddfc8b2.html，2011 年 9 月 7 日访问。

例如环保市民检查团为公众参与企业环境监督的过程搭建了社会参与的平台，也邀请公众到企业针对定点对象进行重点核查。同时，嘉兴市环保联合会也不断扩大成员的社会招聘范围，特别是吸收年轻人入会。联合会也开始在各地设立环保联合会的分会，进行人力资源方面的不断拓展，强化环保社会组织的社会基础，构建全民参与环境保护的社会行动体系。这些做法扩大了环保组织的参与对象，也为公众参与提供更多的机会和规则，使得人们获得公众参与的良好预期。这也在一定程度上强化了该模式的群众基础，以确保其可持续性。

在这一过程中，许多企业组织也积极投入这一进程中。那些与政府和社会组织关系较为密切、生产规模上档次、也具有较强社会责任的企业，对嘉兴模式的推进积极配合。通常企业对前来进行检查和监督的公众和社会组织并不欢迎，认为会对其企业运作和管理造成一定的麻烦，但在嘉兴模式中，企业与政府进行有效的配合是建设嘉兴模式的重要因素。当然我们也注意到企业参与的两类态度：那些与政府关系密切的企业对嘉兴模式的推进积极配合，而那些关系较为疏远的企业对于嘉兴模式就没有很大的热情。

这一模式通过数年的实践经验，逐渐形成独特的特点，即通过社会组织与政府建立伙伴关系来推动公众参与，并以组织化的形式把公众介入到环境治理的进程中。当然，由于这一模式是基于社会组织的发展，它在提升社区组织的环境保护功能方面作用并不明显。由于社区组织在人力物力财力方面十分有限，而社区管理的工作涉及面较广，因而社区组织对于环境治理的参与程度有限，并认为他们无力解决居民所反映的环境问题。由于社区缺乏相应的赋权，社区对于环境决策进程的影响力十分有限。许多社区在群众参与环保的活动中主要是宣传教育（如开办讲座和论坛、或通过媒体和网络向社会宣传），但与市环保联合会的关系并不密切，在协助政府制定环境政策、监督企业污染、抵制污染行为方面的政策行动中则做得很少。

由此，从嘉兴模式的创立经验来看，嘉兴市环保联合会在政府牵头下组织起来，并且依靠政府力量获得了许多优势，比如降低环保活动的政治风险。目前这一组织正在从“从无到有”进入“从有到优”的阶段，并正从政府主导的社会组织走向 NGO 独立发展的道路。尽管迄今为止这一模式的运作仍然处在起步阶段，但其社会成效已经为公众所认可。在一次座谈会中，有专家评论说，嘉兴市环保联合会发展至今已经成为嘉兴市环境保护公众参与的一个很好的代表。在这一模式中，公众不仅参与环保的宣传教育活动，而且参与环保的监督、评价与决策，是一种更积极主动的参与，使他们有机会行使法律赋予公民的知情权、参与权、表达权、监督权，对环境公共事务进行深度参与。其经验表明，通过社会组织进行环境治理是一种可以选择的途径，这种途径可以避免政府单一治理模式中所面临的一些负面社会效应，有效地达成社会治理目标。

第三节　嘉兴模式的发展

在嘉兴模式的进一步发展中，其所面临的问题和任务都与早期有所不同。在嘉兴市环保联合会的成长起步阶段，其主要的任务是如何通过政府的支持开展公众监督；但在随后的发展中，它所面临的主要问题是如何提升组织的自主性。在对于嘉兴市联合会的座谈中，该组织的负责人谈到了环保联合会目前面临的困境，并认为提升组织的自主性是进一步组织发展的关键。为了寻找解决困境的突破口，该组织在以下三个方面采取措施：一是由于现有的资金主要是来自于政府补贴，如果联合会想提高自主性就要自筹资金，通过提供技术服务、公众筹款等方式来获得收入；二是成员的工作目前主要建立在自愿和义务工作的基础上，但要提高组织的自主性就要强化组织的机制建设和制度建设，而不能仅仅基于志愿主义的基础。第三，注重公信力的建设，怎样建立公信力以赢得社会信任是该联合会将要探讨的主要问题。正如在一次与联合会相关负责人的座谈中，该负责人就谈到：

——目前环保联合会的运行存在许多问题，体现在两个方面：一是经费问题，联合会日常运作主要依靠政府的财政支持，缺乏一个NGO应该具备的财政独立性，所以我们名义上是一个社会组织或者说是非政府组织，但实际上是依靠着政府的资源在运转。二是职能定位问题，现阶段环保联合会的职能发挥在很大程度上是为了配合环保部门环境治理的需要，缺乏自身的职能定位和发展规划，所以联合会仍是政府主导下的组织。

当然，要达到这些目标，社会组织在提升自身的能力和功能方面还需要做大量的工作。不可否认，目前中国许多环保民间组织对今后的发展方向和职能定位并没有清晰的路线图，还停滞于做一步看一步的境地，有许多成为了政府环保部门的附庸或起到准政府组织的作用。在嘉兴，我们看到了同样的情况。在与嘉兴市环保组织的负责人探讨该组织未来的定位和发展方向时，我们发现这些组织的领导者对组织的未来发展缺乏系统的思考和清晰的规划，也有些地方的环保组织仅仅满足于眼前在做的项目，还有些环保组织的活动主要是为了配合政府工作的需要，并没有真正推动广大公众的环境参与。而能够提出强化组织的自主性建设的要求表明，这些组织中的一些负责人已经具备较为长远的视野，开始考虑组织发展的可持续性和其组织的发展目标等关键问题。这对于提升这些非政府组织的发展是不可或缺的。

除了与政府的关系外，社会组织在考虑提升自主性问题时所面临的另一个重要问题是如何与社区组织建立起有效的合作关系。公众在环境保护活动的参与中可以采取多种形式。他们可以参加社会团体，也可以参加社区组织的活动，还可以作为个体直接参与一些环保活动（如在媒体上发表言论等）。这些活动可以同时进行并行不悖，但对于社会组织而言，组织负责人要考虑如何协调好与社区、大众传媒以及其他民间力量的关系，这是提升其自主性和强化其非官方性质的重要保证。

在嘉兴，社区组织也在环境领域中组织一些活动，但从总体上看这些活动并不多。这些社区组织的工作主要发生在公益服务、文体娱乐、社区协同管理等领域，也进行一些福利服务和慈善救助工作。根据嘉兴市民政局颁发的《关于进一步加强城乡社区社会组织培育发展工作的实施意见》，嘉兴市争取到2016年每个城乡社区培育发展30个以上社会组织，形成门类齐全、层次丰富、布局合理、覆盖广泛的城乡社区社会组织体系。其功能在于满足居民需求，扩大就业渠道，承接政府职能，丰富社区生活，参与社区管理，促进社区和谐，推进社区建设[①]。然而，在环境领域，社区环境组织还很少，社区组织本身在环境参与方面的推进力度并不大，主要是从事一些环境教育和垃圾分拣宣传工作，也接待一些来自当地高校的学生来从事环保活动。正如一些被访者所反映的：

① 嘉兴市民政局：《嘉兴市民政局关于进一步加强城乡社区社会组织培育发展工作的实施意见》，载 http://shzz.jxsmz.gov.cn/News_View.asp？AID=610，2014年7月3日访问。

——社区的相关部门，不定期地发一些宣传品，建设宣传橱窗等，还有环境检查等，制度机构都有，问题就是效果不好。居民觉得嘉兴污染方面的工作不到位。社区的活动一般沿街设摊，放录音，发资料，有奖竞答，对于环境保护方面没有多大作用。不过一些居民会关注讲座之类的活动。

在此问题上，我们调查了环保联合会与社区组织的互动情况。作为跨社区的社会群体，联合会自己组织活动多，与政府与企业的联系也较多，但深入社区较少。这类跨区域的社会团体与社区组织是两类社会组织，具有不同的社会基础和功能。在中国，在民间社会中社区组织具有很强大的生命力，而社会组织的力量则十分有限。在嘉兴模式中我们看到这些社会组织可以通过与政府结盟而提升其实力，而社区组织对于公民社会的影响力也是通过它们与政府结盟而形成的。这两种情况都体现了民间组织自主性的缺失。由于社区组织是政府管理体系的一部分，很难获得较大的独立性和自主性，因而社会组织就成为考察这种可能性的最好范例。

另一方面，我们也要讨论非政府组织在民间的威望、权威和声誉。要使社会组织能够有效地发挥他们的作用就要确保他们独立的组织“人格”，才能赢得社会声誉。然而目前社会组织作用的发挥主要来自政府的赋权而非自身的动力，社会组织的独立性和自主性都较弱，社会组织工作的开展取决于政府的工作要求和财政上的强力支持。这种依附于政府的地位导致支撑社会组织长远发展的内部驱动力严重缺失[①]。同时，自上而下的工作模式导致这些社会组织的群众基础较为薄弱。在调研中我们看到，一些受访者抱怨社会组织的群众覆盖过于狭窄，其无法很好地回应公众的切实利益诉求，因此，嘉兴模式中社会组织的可持续性和参与公众的覆盖率都有待于提高。对此，嘉兴市环保局副局长也承认：

——目前嘉兴的公众参与的组织制度还不是很完善，缺乏必要的管理和发展的机制，内部管理还比较松散，工作的计划性还不是很强，有时候开展的活动还

① 费迪，王诗宗：《中国社会组织独立性与自主性的关系探究：基于浙江的经验》，载《中共浙江省委党校学报》2014 年第 1 期。

不是很经常。组织发展滞后，大批有识之士和环保的民间力量与这个渠道的互动还不是很畅通。社团组织、志愿者服务组织在开展活动的自主性、独立性、主动性，包括上下衔接方面和管理方面还有不少问题。

当然，无论这些民间组织存在着怎样的不完善地方，他们毕竟是做出了探索，并且具有一定的发展潜力。目前，强化环保社会组织的自主性已经成为社会组织自身，以及政府与评议专家达成的共识。环保社会组织往往存在资金、人员、功能等多方面的困难，这可能导致组织的自主性受到了外部力量的影响。在许多情况下，组织的自主性大小往往取决于组织对其使命的坚持。有时环保组织对非政府组织的性质和“第三部门”理念的执著也会发挥很重要的作用。在目前威权主义的社会背景中，这些社会组织只能处于社会的边缘地带，从而在正式的社会体系和主流社会中几乎起不了多大的影响。但在嘉兴模式中，政府主动地推进非政府组织的建设，并把他们引入正式体系中，同时在介入的过程中给予一定的赋权。这是嘉兴模式的基本特点。

总之，在嘉兴模式发展到了今天，环保联合会等社会组织已经意识到要想更充分地发挥公众参与的作用就必须提高独立自主性，并力图把这些社会会组织办成为真正的 NGO。这一发展反映了嘉兴模式未来的成长过程。在对于中国 NGO 的研究中，马秋莎认为在中国现阶段多数 NGO 是介于独立与不独立之间的一种准政府组织（quasi-governmental organization），而社会组织的独立性程度是可以双向流动和转变的[①]。由于历史发展的背景、政治制度的转变以及我国经济发展的总体状况，许多社会组织不能做到经济独立而又必须保持与政府的紧密联系，由此便产生了社会组织的独立性问题。目前嘉兴模式中的社会组织也处在类似的状态中，这使讨论组织自主性成为讨论民间组织发展的关键问题。在社会经济转型加快，环保形势日益严峻的今天，我们要充分发挥社会组织作为环境治理的重要生力军作用，大力提高环保组织的自身能力建设。要实现这一要求就要提升其自主性，提升执行的效率并确保模式运作的可持续性。

① 马秋莎：《全球化，国际非政府组织与中国民间组织的发展》，载《开放时代》2006 年第 2 期。

第四节　嘉兴模式的可持续性

从总体上说，嘉兴通过创新环境管理机制、参与主体，实现了政府从环境管理向治理的转型，从政府单方面管制向多元、合作和开放性结构的转变。这一模式尽管具有种种优点，但其可持续性问题仍然为这一模式的发展提出了挑战。基于以下三方面的原因，人们会对于嘉兴模式是否可持续产生一定的担忧：一是政府的财政支持是否可持续；二是组织和机构的成员和队伍是否可持续性（迄今为止，嘉兴市环保联合会的工作人员大多是在志愿基础上工作的）；三是政府支持环保社会组织的政治意愿是否可持续性（是否会因为政府工作重心的转移或领导人的更替而发生变化）。这些担忧固然有其合理性，但这些担忧都是源于这些组织其与政府机构的连带关系。对于这些问题的最终回答应该由实践状况给出答案，但根据一些基本的条件我们仍然可以对这些问题展开讨论和评估，以便判定这一模式的存在价值。

要讨论嘉兴模式的可持续性，我们首先要评估该事物是否有其存在的价值和意义、是否有现实的需要，是否能够解决实践的问题？在中国，环境保护问题将一直是与民生相关的重大问题，而通过公众参与的方式来解决这一问题也是应对这些挑战的基本路径，这为“嘉兴模式”的运用提供了现实的需要。即便对于嘉兴市本地来说，由环境引发的社会冲突风险并没有因为“嘉兴模式”的倡导而消失。相反，随着公民环境意识的提高和对于环境权利保护诉求的增加，公众对于环境的参与正从消极的态度转向积极的态度，从而改变了以往只有受到环境侵害时才被动抗争的局面。

其次，对于嘉兴公众参与模式的需求也来自于政府管理方式转变的需要。目前在环境管理的领域中，政府管埋方式的改变和新公共管理方式的采用导致人们强调“治理”的理念，这就要求改变以往的精英管理而导致公众难以实现有效参与的现象。对此，“嘉兴模式”具有它存在的价值。但在一些其他城市，当询问到地方政府部门与多少环保组织相挂钩时，笔者常常得到否定的回答，也即地方政府并不知道当地有多少环保组织，更是缺乏与他们的沟通与合作。社会组织与政府部门的密切合作是嘉兴模式得以建立的社会基础。

嘉兴模式的可持续性也取决于其所具有的活力。对嘉兴模式的讨论的意义不仅仅在于个案研究，更在于其社会创新的意义。嘉兴模式搭建的公众参与平台可以实现不同利益主体之间的有效对话，协商主体的各方利益。因此，嘉兴模式可以得到这些社会主体（包括政府和公众双方）的支持。由于政府希望通过公众参与来减少由环保问题带来的社会压力，嘉兴模式在一定程度上可以满足政府的需求因而可以继续得到政府的支持。同时，由于该模式能够促进政府与公众之间的信息沟通，它也能得到社会组织（如市民检查团）和公民的支持，这些支持力量是维护嘉兴模式可持续发展的保障。

讨论嘉兴模式的可持续性还要看其是否具有发展条件，是否符合历史发展的规律。在威权主义的背景下，中国要推进社会组织的发展就需要政府释放发展的空间，转变政府的社会管理职能，妥善处理好政府与非政府组织的关系。因此，倡导公众参与的实践正是政府所大力提倡的，其也符合社会发展的趋势。事实上，政府在社会事务的管理中不应该简单成为社会组织的"发包者"（或供给者）更要是一个合作者和协作者。社会组织则要加强能力建设，或培养其自我运作能力以具有独立的利益表达，并成为社会治理的权威机构，争取能够成为社会公共利益的代言人。"嘉兴模式"正是服务于这一导向，在一定程度上符合社会发展的需要。它能够有效地强化监督和制约政府的权力，对于改变自上而下的行政管理体制向自下而上的民主参与的转变具有积极的意义。

再者，检验嘉兴模式的可持续性，还要考虑这一模式是否具有持续发展的空间，能否进一步拓展。嘉兴模式经历了形成阶段，目前已经走入了发展阶段。它所形成的大量的经验和社会管理创新为其进一步发展提供了可能性。比如该模式提供了广泛的机会来发展社会公众，邀请公众参与恳谈会和规划论证会，并对污染项目进行评估。他们也通过市民检查团和"两代表一委员"志愿者全程跟踪环保"飞行监测"执法行动，实地监测环保设施运行以及环保部门的执法办案等。目前，以环保联合会为主要平台的环保组织其组织成员大多来自于官方机构和相关组织（像环保检查团这样的公众组织）。而在未来的发展中，这一社会基础还能够进一步扩大，并从各个方面反映不同的社会利益集团的呼声。

当然，嘉兴模式的这些社会实践在发生之初大多是通过试点创新方式来进行的，并没有形成一定的制度。这就具有可变性，容易受主政者的发展思路、财政收支状况和一些偶然事件的影响。但随着基础的奠定和随后的发展，这些创新也逐渐的由个案创新沉淀为制度设置，并沿着由点到面，由少到多，由个案到制度的发展。这一模式要进一步发展从根本上说要取决于它的制度化程度，即其可持续性取决于其制度化程度。因此，要提升嘉兴模式的可持续性，我们必须在两方面进行工作：一方面是要对各种政策创新进行总结和提炼，提升其制度化水平，另一方面，也要积极推动环保行动的配套机制建设。

最后，嘉兴模式不仅要可持续，更要可发展。只有不断发展才能可持续。因此，嘉兴模式的内容要不断地丰富。近年来，嘉兴联合会越来越多的采取网络的形式进行环境参与。他们建立了环保志愿者报名的网站，实现成员的公开招聘、公示，实现参与环境事务时随机抽取、其身份在网上向社会公布，以保证组织成员具有代表性和普遍性。许多市民也采用微博咨询、QQ 等网络平台以及通过志愿者组织平台等进行参与，或通过社会组织的渠道的非制度化途径进行参与，参与者具有很高的积极性。同时，嘉兴市也在不断扩展已经取得的一些很好的制度化渠道来鼓励公众参与。比如通过形成在线征集、在线反馈意见等机制将一些不定期的社会活动固定化、稳定化和制度化。在嘉兴市南湖区还通过六大群众工作制度的建立，保障公民有序的参与。在对于企业的监管中，嘉兴市在企业设立环保监督员，以推动企业环保行为的合法。嘉兴市还大力支持环保志愿者的介入，鼓励退休老年人参与到环境事务的志愿行动中。

因此，要确保嘉兴模式的可持续性，就要不断地推进嘉兴模式的进一步发展，推动环境保护公众参与渠道的多元化，并推进环保组织内部操作制度的完善，加强专业环保技术人员的培训以提升组织行动的制度化水平，提升其成员的代表性和组织的公信力。同时，在下一步的发展中，我们也要强化社会组织的自主性。自主性意味着该组织可以按照自己的意愿和目标来行事，其目标设定及自身运作过程中的决策方式都可以由自身决定，这也是社会组织的发展的基本条件。我们要进一步讨论嘉兴模式的可持续性就要确保这些组织的合法性和资源的可获得性，避免由政府因素而导致的不确定性。要通过法律法规的制定来保障公众参与的权利以及相应的机制，加强这些政策法规的执行和切实实施。我们还要考虑嘉兴模式是否有持续发展的空间，是否能进一步拓展，对于这些问题的回答来确立嘉兴模式的可持续性。

第五章　嘉兴模式的蕴意和政策分析

第一节　嘉兴模式的蕴意

积极引导和培养公民的环境意识，并在此基础之上形成全体成员都能够广泛参与的环境协商民主机制，应该是我们应对环境治理危机的出路。迄今为止，整个社会对环境协商民主的理念还十分陌生，环境协商民主机制建设的目标尚未真正设立。尽管环境污染这一问题的公共性正为人们所普遍认同——环境污染是全体社会成员共同行为的后果，环境污染的恶果最终也要由全社会共同承担，但对于环境污染的社会管理的合作机制尚未真正建立，目前应对环境挑战的主要途径仍然是通过司法行政手段进行的管理。在此，嘉兴模式的经验提供了有益的探索。在嘉兴，地方政府以多种形式和方法鼓励公众参与环境决策的过程中来，从而使我们看到达成环境协商民主机制建设这一目标的希望。

基于嘉兴公共参与环境治理决策过程的经验，我们可以反思自上而下和自下而上的环境治理两条途径的优势。毫无疑问，在环境治理领域，政府是环境管理的责任主体。因此，从自上而下的路径思考，以政府为主导的威权主义管理体制能够发挥其独特的优势。例如当嘉兴市面临2012年的生猪污染河道事件时，地方政府采取了诸如河长制和大面积拆除鸭棚、猪棚等行政手段都具有直接的政策效果，但是这种体制也明显具有若干缺陷。一方面，如果把环境问题的解决仅仅局限于政府的责任就会极大的限制环境治理的资金来源，另一方面，环境治理需要政府部门的专业化管理，把工作任务进行有效地分解，把目标任务和职责落实到具体的环保事务中去，这些情况与普通公众的参与需求有很大的距离。但是，我们也看到单纯依靠政府驱动力的环境治理模式在当今的时空条件下已经无法全面和充分地应对环境问题所带来的挑战，也会面临环境决策过程中的长官意志和政绩驱动所带来的问题。

从自下而上的路径进行思考，其关键点在于如何发展社会组织来承担组织和发动群众的功能。这一自下而上的路径的发展进程既是一个治理模式和管理理念转变的过程，也是促使多元社会主体进行参与的过程。事实上，如果没有社会组织和公众的积极参与，政府单方面就很难有效地协调各方复杂的利益冲突，也会极大地增加社会治理的成本。从这个意义上说，让公众和社会组织对公共管理进程的积极参与，是执政为民的必然要求，是民主政治的最高表现，是实现善治的有效途径，而且当发生环境污染事件时，人们常常倾向于把矛头指向政府，认为环境污染的发生是政府环境监管和执法不力造成的，因而容易把由环境问题而诱发的社会矛盾触及到政府执政的合法性问题上，严重威胁着社会的团结与稳定。

当然，公众参与需要有社会组织作为平台和渠道。公众参与的程度在很大意义上取决于社会组织的发展程度，以及政府部门对社会组织参与环境决策过程所提供的机会和渠道。在现代社会，面对高度组织化的企业和相关部门，公民个体是没有足够的能力进行制衡的，双方对话的交易成本也很高，只有通过一定的社会组织他们才能对社会发生影响。制度化的参与可以使人们把环境问题作为公共问题来看待，并基于社会公共利益进行参与。当一个社会缺乏专门的代言机构如环保组织来反映民众意见的时候，他们只能通过个体的、自发的或非理性的方式来表达自己的利益诉求，从而容易形成群体性事件。制度化的公众参与具有社会管理的成效，个人作为分散的社会公众参与环境运动，有助于避免群体性事件的发生。因此，嘉兴模式推行参与和对话的制度模式，可以具有维护社会稳定的功用。

然而，目前中国环保社会组织的数量并不少，分布区域也十分广泛（见表 1 和图 12 所示），但这些组织的能力建设还十分缺乏，普遍存在着规模较小、资源较少、专业性差等问题，社会影响力仍然十分有限。因此，尽管人们普遍认识到在社会治理中培育民间组织力量的重要性，但如何进行培育将是一个值得深入探讨的问题。在此，嘉兴市推进环境协商民主的经验为发展环保组织参与治理过程并发挥积极作用提供了十分重要的经验。

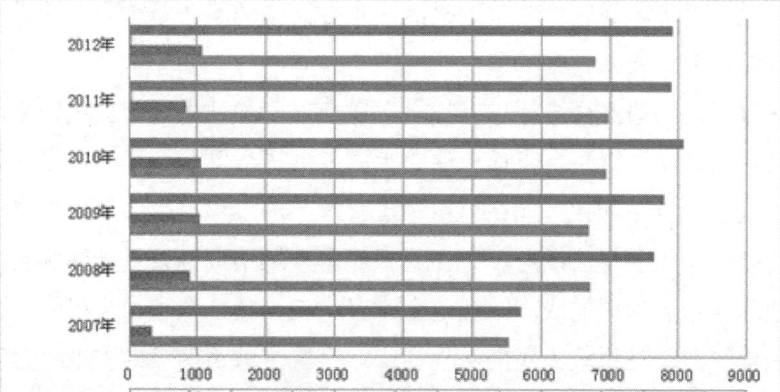

	2007年	2008年	2009年	2010年	2011年	2012年
■社会团体	5530	6716	6702	6961	6999	6790
■民办非企业	345	908	1049	1070	846	1078
■基金会	34	28	35	47	64	60
■总数	5709	7652	7806	8078	7909	7928

资料来源：《2013 年中国民政统计年鉴》。

图 11　民政部登记注册的生态环境类社会组织数量（2007—2012 年）

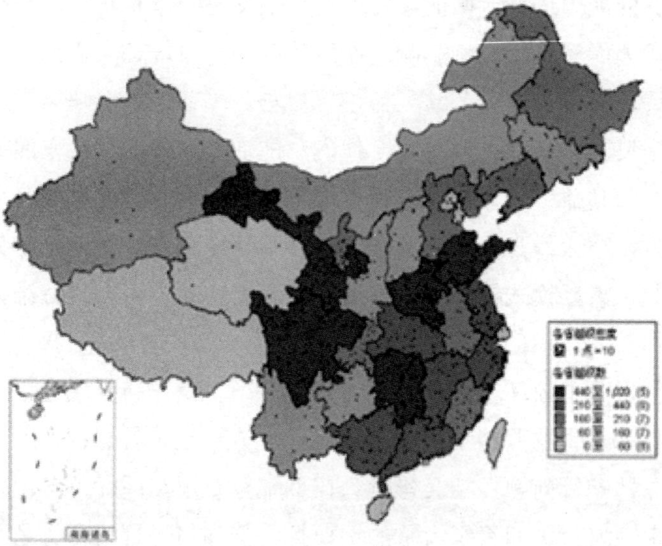

注释：颜色越深代表该地区环保社会组织的分布密集度越高。

资料来源：根据《2008 年中国民政统计年鉴》制作。

图 12　中国省（市）环保社会组织的分布密度图

根据嘉兴的经验，在社会组织发展的初期阶段，政府给予支持和赋权是构建公众参与的环境协商民主机制的立脚点。通过政府与社会组织的有效互动，可以把对于环境协商民主的倡导由面向个人的志愿活动转向有组织地参与活动，并最终确立这一机制形成的基础。这就意味着为了发展环境协商民主机制，政府要在此过程中发挥主导作用，对基层社会进行足够的赋权，保证其有相当程度的自治权力介入到环境治理过程中去。嘉兴模式的运行与政府环保部门的邀请、赋权和支持是分不开的。在嘉兴模式的形成过程中，公众参与的模式是在环保局的带领和推动下建立的。公众被邀请参加到环境治理决策中来，通过立法和行政权力保护公众参与环境保护的权利，各种社会组织也积极参与和配合，而政府对于这些组织的参与进行赋权。因此，从起源上说，嘉兴模式是行政力量主导下的公众参与模式；而在其以后的发展中，公民对于环境治理的参与程度与政府对他们的赋权状况密切相关。

为了建设环境协商民主的机制，我们需要扩大环境治理的社会基础，发展多样化的社会组织并扩大并形成社会影响力。在嘉兴模式中，社会组织可以通过多种活动方式来吸引不同的公众参与。这些社会组织的成员往往具有共同的目标和议题，以便更好地吸引社会的关注和形成社会影响力。例如环保市民检查团为公众参与企业环境监督的过程搭建了社会参与的平台。环保组织也邀请公民到企业定点定对象地进行重点核查。市民检查团通过社会招聘来对企业进行监督，也通过大众传媒的影响强化市民对环保问题的发言权；专家服务团则通过专业技术人员的咨询为企业排污技术的提升提供支持。这些活动强化了社会组织在环境治理方面的作用。这些社会组织的行动的开展并非由法律条文、技术指标和规范规定所驱动，而是通过这些社会组织所具有的社会责任以及他们对环境保护的知识和热情来达成。

同时，嘉兴模式的经验也告诉我们，社会组织在威权主义的背景中能否很好地参与社会管理进程并取得有效性，取决于他们是否能够与政府建立起良好的合作关系。以环保联合会为代表的社会组织与政府形成密切的合作关系，并且在推进环境宣传和环境治理方面承担了一定的责任和义务。政府部门积极倡导并扶持这些社会组织，使之开始承担着社会监督、舆论引导等重要功能。作为政府环保部门的助手，这些社会组织在缓解政府部门在环境治理方面的工作压力和资源压力起到了积极的作用，也有效地组织起公众参与到环境治理的相关行动中。环保联合会的介入不仅能够帮助政府环保部门工作，而且也能够使这些工作更为公开，更为公正，具有更为坚实的群众基础。因此，我们不能以简单的二分思维把政府部门与社会力量对立起来看待，相反，两者的合作和相互支持是民间组织获得发展的有效途径。这就要求我们改变一些存在于有关公民社会讨论中的思维定势，即把社会组织的发展与威权主义背景下的政府组织对立起来，认为社会组织与政府组织之间处在反向制约的关系中。由此，虽然嘉兴模式倡导了在政府主导下的社会体制下发挥社会力量的途径，但它的一些做法可以缓解“大政府小社会”这一体制所带来的问题。

当然由于这些环保社会组织是在政府支持下成长起来的，因而其能力建设和资金的可持续性仍然是一个关键问题。在嘉兴模式的探索中，我们看到嘉兴市环保联合会等社会组织的社会定位和公信力问题正在成为决定这些组织社会影响力大小的关键。在调研中，我们发现一些公众认为环保联合会和环保局是一体的，甚至有些人认为建立联合会是政府部门为了提升政绩而作秀。由此可见，公众的这些观点严重影响了这些组织的社会公信力。特别是由于环保联合会在资金上的支持主要来自于政府，这也就更加剧了老百姓对于联合会的经济独立性和自立性的质疑。这种与政府组织的依附性关系也制约了它的社会声誉和影响力的广泛性。目前，这些社会组织作用的发挥并没有实现广泛的公众参与，而是依靠政府的强力支持，所以说如何提高社会组织的独立性和自主性是嘉兴模式未来发展成败的关键。

在推进嘉兴模式的进一步发展中政府部门也面临着一定的困境。首先是政府的强力干预和支持使环保组织在物力和财力等资源上高度依赖政府组织。这些组织自我生存能力还很弱，甚至在某些情况下成了政府部门的附庸。在政府的驱动下，这些组织在建立之初可以获得政府部门的资助和支持，但在其后续的发展中，政府财政支持的可持续性就会面临着很大的问题，从而导致这些组织运转的资金基础十分脆弱。在另一方面，这也意味着环保组织缺乏独立性、自主性和中立性，这必然会削弱环保组织对公众的号召力和影响力。因此，在充分肯定该模式在推进公众参与环境治理方面意义的同时，我们也必须看到该模式存在的种种问题。另外，在形成环境协商民主机制的基础上，我们也要发展环境协商民主的理念以确保这一机制的正常运行。嘉兴模式的创立与当时嘉兴市环保局局长的思路创新和大力推进的努力分不开，但在其后的发展中，该模式所反映的理念和发展目标已经为当地政府和民众广泛认可。即使在该局长调离嘉兴市之后，该模式的运作仍然在继续推进。

第二节　嘉兴模式存在的问题

作为一种公众参与环境治理的创新模式，“嘉兴模式”在引导社会组织、企业和公民等多元主体的积极参与中起到了积极的作用，形成了一种“全程参与”和“全民参与”的局面，但同时各种主体在参与过程中也会面临各自的问题。这些主体所在的群体利益往往存在差别，在这一机制中所起的地位和作用也不同，因而其与各方的互动合作具有其独特的地位。在此，我们要讨论在嘉兴模式的各方参与者所面临的基本问题。同时，由于嘉兴模式的发展目前还处在起步阶段，它也不可避免的面对这样或那样的问题。例如在调研中我们发现，现阶段所反映出的问题在于政府的驱动力量过于强势，但是政府对环保类社会组织投入的资金或资源仍然十分有限。这些社会组织的成员常常来自于公共部门（大多是从事与环境保护相关的职能部门和事业单位的退休人员），因而与政府组织有着内在的联系。尽管这些社会组织也通过报刊和网络公开招聘组织成员，但准入性仍然较为狭窄。在本节中我们将嘉兴模式的发展所面临的一些基本问题展开讨论。

1. 赋权的落实

在中国，扩大公众参与的程度和范围是政府管理体系改革和社会治理模式转型的客观要求。在当前，社会治理的一个突出问题就是公民环境权利的贫困。这种贫困使得公民在环境决策中的发言权非常微弱，也使得一些地方官员为了打造以 GDP 为核心的政绩工程，以牺牲环境为代价来追求经济发展，致使生态环境不断遭到破坏。这对公众的环境权利产生了非常大的侵害，因为公众未必一定是经济发展的直接受益者，但他们一定是环境污染的直接受害者。因此，2014 年修订的《环保法》强调要加强对公民环境权利的保障，公众可以举报环境违法企业、向上级机关和监察机关举报不作为的环境执法者，还可以要求新闻媒体监督违法者和不作为者，同时普通老百姓还可以拿起法律武器，积极主动地行使自己的环境权利。

要切实地履行这些法律权利，首先需要保障公民的参与权利。目前的体制具有较强的政府管制色彩，过多地强调公民保护环境的义务而忽视了公民的环境权利，因而在公民环境治理程序的参与过程中往往流于形式。要改变这种状况就要求对公众不断进行赋权，以强化他们在环境治理中的主体性作用，这一要求意味着对现有的对环境行政监督的权利从政府向公众的部分让渡，而环境治理实效如何，在很大程度上取决于公众参与程度的高低和发展空间的大小。

在嘉兴市，地方政府通过公众参与的方式来保障公众参与权、知情权和监督权。这些活动在提升企业和公民的环境意识，促进企业承担社会责任方面起到了良好的作用，也对于“以环境污染促经济发展”的做法形成了制约，但在制度设置方面，如何切实地履行市民环保检查团的职责，发挥公众评审团的作用，尚缺乏较高层级制度性的规定，许多好的规定常常流于形式起不到实际的作用，而且公众参与环境治理的领域主要集中在协助政府环境执法方面，在环境决策方面并不很多。这些缺陷在一定程度上削弱了该模式应有的实效。

另外，为了配合政府工作，有些社会组织在一些场合迎合政府的需求，独立性较低，使社会组织有可能成为环境保护部门的附属机构。这也会影响社会组织对于政府决策的监督效率，在环境决策过程时有可能发生政府的“真主意假商量”、“征求意见走过场”的现象，也会发生选择性的公众参与情况。另外，在环保决策和环境影响评估中，其参与的大多是一些第三产业项目、小型工业项目的审批，而对政府投资或引进的大型项目很难有发言权。因此，嘉兴市绝大多数环保社会组织在经过几年的实践后，目前的活动仍旧主要停留在举办环境专题讲座、研讨会、培训班、展览，编写环境普及读物、杂志，利用媒体进行宣传等环境公众教育领域以及环境执法监管，实质性的决策参与还十分有限。

2. 公信力问题

在中国，环保社会组织的公信力不高是普遍现象，公信力问题是社会组织发展所面临的重大问题。特别是环保社会组织，其产生和发展都离不开民众的支持和参与，如果缺乏公信力，环保社会组织就缺乏群众基础甚至生存的基础。然而，由于这些组织的行动往往受政府的影响，大多起着配合环保部门进行监督以及联合执法的作用，缺乏独立的“人格”特征。这使得这些组织在很大程度扮演了政府合作方的作用，降低了其作为独立环保组织的意义。正因为如此，环保联合会和市民检查团在嘉兴的环境监督活动中其公信力一直受到质疑，这种质疑可以从他们参与企业“摘帽”行动或环保听证会等活动中显现出来，虽然他们在一定程度上推进了环保执法的公开。在这些环保行动中这些组织的成员可以表达他们的意见供政府作为决策参考，但其最终结果仍然由环保部门决定。

在嘉兴调研过程中，很多市民认为环保联合会和环保局是属于同一性质的机构，也有人认为环保联合会所做的努力是在“作秀”，而且这两个组织在资金和组织运作上的关联性也削弱了其作为第三方监督者的地位，也对环境行政处罚的合法性和可信度产生了较大的影响。特别是对于企业来说，市民检查团存在的合法性就会受到质疑。因为这些企业已有环保部门的技术检测报告，因而对于环保市民检查团的评审结果可以质疑。对此，有两方面的问题制约着企业对这些组织公信力的看法：一是其知名度。有的企业并不知道环保检查团到企业进行过检查，也没关注过后续的评审结果(比如新天地)。二是其评审结果是否拥有专业说服力，在决策中的影响力有多大。在对于企业的“摘帽”决策中，环保组织的评审意见只是参考意见，而不是必要条件。

从公民个体的角度来说，随着公众环境意识的不断提升，公民对于环境质量会提出较高的标准，以致出现市民环保检查团认为可以“同意摘帽”，而公众却持相反意见不同意企业“摘帽”。这种情况会引发公民对其组织公信力的质疑，尤其是因为市民检查团与政府的密切关系容易使人引发联想，把环保检查团的意见看成是政府的意愿。另一方面，由于市民环保检查团的代表性或程序运作也容易使居民对其形成一种负面的印象，认为检查团与企业形成“同谋”来对付个体公民。此外，这些对于公信力的质疑还与嘉兴市环保组织自身所存在的解决问题能力有关。由于嘉兴市环保组织还处于起步阶段，各方面发展还很不规范和成熟，在组织管理方面也存在着一些混乱低效和时效性差的问题，这也影响民众对于环保组织解决问题能力的怀疑。

3. 运作能力有限

在嘉兴模式中，以嘉兴市环保联合会为代表的社会组织普遍存在着运作能力差的问题，这种运作能力不仅表现其在物力和财力资源的整合能力方面，也表现自身的人力资源方面，这些方面存在的问题严重限制了其环境参与的深度和广度。相对市场经济成熟的发达国家而言，中国政府对民间组织的资助很少，在环境保护方面的社会公益捐助也十分有限。组织资金最普遍的来源是会费，其次是组织成员捐赠、政府及主管单位拨款和企业捐赠。调查显示，所有类型的民间环保组织中 76.1%没有固定经费来源，而草根民间环保组织情况更不乐观，即使诸如“自然之友”这种发展比较成熟、实力相对较强的组织，也主要依靠向各基金会申请项目来获得经费。这种以项目为中心、没有项目就没有资金的模式对于我国发展以环境公益事业为主旨的环保民间组织十分不利。

另根据一些资料，我国近 80%的环保民间组织没有固定经费来源。由于经费的限制，超过 60%的环保民间组织没有自己的办公场所；96%的全职人员薪酬在当地属中等以下收入水平，其中 43%以上的全职人员基本没有薪酬；有 70%以上的环保民间组织没有能力为其职员提供失业、养老、医疗等福利保障①。谢菊和刘磊的研究也发现，我国的环保组织（特别是草根组织）很少有机会得到政府方面的资金支持，资金不足形成我国环保组织普遍存在着生存困难的问题②。

这种情况也表现在嘉兴模式的讨论中。在嘉兴，环保市民检查团的活动经费大多来自于政府部门，部分来自于政府委托的项目经费，基本上没有来自于社会的捐赠，这也使得其资金来源单一且十分有限，影响了其作为独立第三方在环境保护中的独立行动能力。同时在人力资源方面，环保市民检查团虽然以社会招聘的形式名义上实现了社会公开招聘，但成员主要还是以退休人士为主，其代表性比较差，而且市民检查团的成员大多是以志愿性质参与到环保行动中来的，正式员工很少，有正式工资的更少，这就限制了其组织运作的能力，因此该模式运作的组织基础还有待加强。嘉兴模式具有很好的制度设计，但这一制度要切实运行起来需要有相应的人力物力财力的配备，使之切实地发挥作用。目前嘉兴市环保

① 李天宇：《环保 NGO：配角转向主角》，载《记者观察杂志》2007 年 7 月 1 日。
② 谢菊，刘磊：《环境治理中社会组织参与的现状与对策》，载《环境保护》2013 年 23 期。

联合会及其下属机构在人力和财力资源上还十分有限。而人手不够和资源缺乏使其所具有的赋权难以执行，并往往流于形式。

同时，环保社会组织参与成员的覆盖面还十分有限，出现参与成员固化的现象。部分参与成员与政府官员建立起了连带性，而一些与骨干成员在理念方面存在着差异的成员时常会被排斥在外。这种利益的连带性会使这些组织无法树立社会权威，成为“社会良心”的代言人。同时嘉兴市的各类环保组织虽然广泛参与到环境治理的进程中，然而由于多数成员属于志愿性质，参与或退出比较自由，组织机构比较松散，人员流动比较大，从而造成组织稳定性差，影响到组织自身运作的能力和效果。因此，如何增强其独立性和公信力是需突破的瓶颈。目前，这些组织正在探索进行商业化运作或以社会企业等形式运作的可行性。

4. 官本位色彩

在我国目前的环保组织建设中，多数组织都具有很强的官方色彩。根据中华环保联合会（ACEF）的调查，到 2005 年底，中国共有 2 768 个环境社团，其中政府背景的环保组织（GNGO）达 1 382 个（49.9%），高等院校中的学生环境社团 1 116 个（40.3%），民间环保组织（NGO）202 个（7.2%），国际环保组织驻华机构 68 个（2.6%）。职员和会员数总计达 22.4 万人，其中全职人员 6.9 万人，他们中的绝大多数为政府背景环保组织的成员①。这种情况一方面可以因获得政府的支持而提升其行动的有效性，但另一方面也导致其公信力不足，组织行动容易受到政府意识的干扰，难以有效地发挥“第三方”的作用。

在当前，要想持续发展就必须积极谋求与政府建立亲密的关系以获得政府经费的支持，与政府保持良好的合作关系成为环保社会组织展开工作和得以发展的必要条件，但这也使环保社会组织在资金上严重依赖环境保护部门的支持。相应的是政府对于环保社会组织运作的行政干预较大。在运行过程中环保社会组织所依据的大多是环境保护部门制订的内部规范性文件，容易受到上级党政部门领导意见的左右，而且其工作的重点也会随着环保部门主要领导的兴趣和看法发生变化。这不仅影响了组织发展的独立性，也限制了这些民间组织的运行能力和作为公民力量所发挥的作用。

① 张玉林：《中国的环境运动》，载《绿叶》2009 年第 11 期。

这种官方色彩浓厚的情况在嘉兴市也广泛存在。嘉兴市环保联合会及其相关组织具有较强的官方色彩。这些组织的成立直接来自于当地行政官员的推动，其中公众参与平台（“一会三团一中心”）的活动经费和环保行动都直接来自于环保部门并接受其约束和指导。嘉兴市环保联合会下属的环保协会、产业协会等大多具有政府的背景。以嘉兴市环保联合会和所辖县区的分会为例，其主要负责人全部由环保局的相关领导兼任，内部核心组成人员也大多为地方环境保护部门的工作人员（或从这些部门退休的人员）。市民检查团的资金和组织成员也大多来自于政府或与政府关系密切的单位，其组织行为以及具体的运作很大程度上依靠政府赋权多少。此外，环保联合会虽然在法律形式上是NGO，但主要是由环保部门的领导兼任，独立性比较差，运行能力非常有限[①]。

5. 与社区组织之间的断裂

社会组织与社区组织两者是社会参与的两种类型的组织，他们对于公众的影响力范围也很不一样。社会组织是跨社区的，他们以对于环境的关注为共同点，具有社团内在的凝聚力。社区组织则是在街道的支持和居民的协作下，通过社区居民环境议事会来参与环保。它们与地方行政治理体系有关，具有社会管理的功能。他们所涉及的范围十分广泛，不仅仅局限在环境议题上，社区参与环境保护能够有效解决实际问题，有利于改变单一的“政府—企业”环境管理模式，综合调动多种社会资源投入环境治理，促进整个社会环保意识和力量的形成[②]。

在嘉兴模式中，社区组织对于公众参与环境治理的所做的努力十分有限。在嘉兴的一些区县（例如嘉兴经济技术开发区）也建立了环保“一队四员”监管队伍，探索“街道属地、企业自主、社区参与、公众监督”的环保大监管模式，但社区对于环保工作的参与还十分有限[③]。与社会组织不同，其所采取的参与方式沿着社会管理的路径，力图通过社区教育和社区活动来进行，故对于环境治理决策进程的影响力很小，而且由于不同社区面临的外部环境存在差异，各个社区组织

① 焦梦：《嘉兴模式探索公众多元参与环境决策，构建“大环保”格局》，载 http：//cn.chinagate.cn/news/2014-06/30/content_32809624_3.htm，2014 年 6 月 30 日访问。

② 李广义，覃勇荣：《促进社区参与环境保护》，载《广西日报》，2007 年 7 月 5 日。

③ 嘉兴市环境保护局：《浙江省公众参与环境保护推进会暨中欧环境治理地方伙伴项目启动会发言》，载《嘉兴》2013 年 2 月 6 日。

对环境关注的程度也有所不同。例如有的社区处于工业区，有的社区处于商业区，有的地处河边，有的地处山丘，各自的环境条件很不一样，面临的环境保护问题也就不尽相同。

在嘉兴一些社区的调研中，我们也看到社区对于环境保护所进行的社会活动主要集中在一些个别事项上（例如垃圾分类和小区打扫工作）。许多民众认为嘉兴的环境治理重点在于城北区域内的几个大企业偷排和漏排污水行为，而企业方则认为他们在环保设备上的投入很大，基本不会做偷排之事，而居民生活垃圾和污水才是嘉兴环境治理的关键。此外，在日常生活中，居民的环保意识总体上比较薄弱，生活中的环保行为也有待改进。许多时候，只有当环境污染的情况触及到他们的生活状况或个人利益时才引发居民对于环境议题的关注，这种现象也极大地影响了居民对社区环境保护活动的参与。

第三节　嘉兴模式与公众参与

如前所述，嘉兴模式的特点就在于社会组织能够与政府部门保持良好的互动关系，从而可以获得在法律地位上、财政资源上、人员配置上的巨大支持，也能够实现组织化的、制度化的公众参与路径。但是，要讨论嘉兴模式的社会基础我们就需要进而讨论作为环境治理民主参与机制的基础，即公众所具有的立场和态度。嘉兴模式赋予了公众一定程度上的环境执法监督权和发言权，也给予公众通过民主参与来提高自身的环保意识和民主意识的机会。政府也出台了一些政策措施鼓励志愿者和公民加入环境保护活动中，并对先进集体和个人进行表彰和奖励。这样可以避免人们把环境治理的责任放在政府身上的单向度思维，倡导公众通过社会组织的方式介入到环境保护的工作中。把公众引入这一公共决策过程中的作用不仅仅体现在行政事务的管理上，其所取得的成效也不仅仅局限于环境治理方面，也在于社会制度的建构和协商民主制度的建设方面。

但是，在社会管理和环境治理的工作格局中，公众参与既可以成为我国环境治理创新中主要的环节，也是目前最为薄弱和最需要加强的环节。在环保联合会的工作实践中，他们发现环保意识薄弱是环保工作推进的很大障碍。譬如由于市民的环保意识薄弱，他们有时会把生活污水直接排入雨水沟，而政府管理部门无法及时地进行管理。另外一种情况是，有些企业具备了完善的污水处理等环保设施，但却没有符合上岗要求的环保专业技术人员进行维护和管理，导致环保设施的使用率不高、成效并不显著，而环保联合会的积极介入常常可以发动群众关注和监督此类事件的发生。同时，由于目前公众的环境参与意识淡薄，因而许多环境参与都是当个人利益或当地居民的环境利益受到损害时才被迫参与，当把环境污染问题作为一般的公共问题而不涉及地方的特殊利益考量时，公众的参与动机就会下降。

其次，环境知识的教育和宣传也是影响公众参与的重要因素。一方面，人们对于环境污染的紧迫感日益增强。根据2005年中华环保联合会的一份公众调查问卷显示，94.9%的公众认为环境保护已相当紧迫，并且认为人们的环保意识普遍增强。由中国环境文化促进会组织编制的“民生指数”也显示，公众对环保的认知和关注度越来越高。但另一方面，根据2006年原国家环保总局的调研显示，公众对环境污染问题的认知程度达到 85.4%，其中 27.1%的公众表示对环境污染“最关心”，80%以上的公众最近三个月没有参加过环保活动（参与的公众仅占6.3%）[①]。零点研究咨询集团发布的《2007 零点中国公众环保指数》表明，中国公众对污染源的认知度不足、对法律规定的公民应享有的环保权利不够了解、对环境问题免费举报电话和环境日较为陌生等。其中能正确认识到“废旧电池”和“塑料袋”也属于污染源的比例仅有 54.7%和 52.9%，仅有两成百姓能正确认识到“使用含氟的家用电器”能造成环境污染，能认识到“使用手机等电子产品”能造成环境污染的人数比例甚至不足两成[②]。

公众环保知识的缺乏会影响他们参与环保行动的能力。在嘉兴市调研中，公众对环境保护和自然科学、环境保护法律法规知识不是非常了解；运用信息技术参与环境保护的能力也不足，比如用网络下载资料、文件，通过网络投诉等。同时公众对生态文明和环境保护认知度存在反差，公众对短期的、小范围的、与自身关系密切的环境问题了解度较高，而对长远的、广泛意义上的环境问题了解度和关注度低。公众参与的素质和能力与实际需求存在反差，以致公众参与的监督

① 郭晋：《公众为什么不参与环保？》，载 http：//www.022net.com/2006/1-9/472238192286172.html，2015年10月15日访问。

② 党晓晖：《公众缺乏环保知识，八成百姓不知“手机污染”》，载 http：//news.xinhuanet.com/society/2008-04/06/content_7928677.htm，2015年10月15日访问。

能力有限，作用还未能得到有效发挥[1]。针对这种情况，提供充分的信息依据是公众参与的必要条件。及时充分的环境信息公开可以保证社会成员有从多样的信息中进行选择的权利，也要通过大众传媒创造一种自由开放的公共舆论空间。

对于某些环保知识，不仅普通公民缺乏，即使对市民检查团的成员也存在知识储备上的不足，在这一点上，市民专家团相对来说具有较强的环保专业能力，但是市民检查团的成员未必具有这种知识。这种自身专业知识的缺乏也影响公众对于企业环境污染情况的判断。在调查中一位市民代表说，“(对于环境污染问题)居民满意程度是什么？就是居民自己用鼻子闻，没有味道就好了。居民不去管企业数据，不去管国家法律，但是企业是要看国家法律的。从这个角度来说，某些居民在具体行为上是不对的”。这也导致一些人对工业项目一概排斥和反对，认为它影响环境和自身生活质量，导致经济发展和环境保护方面的矛盾和冲突不断加剧。

此外，公众对环境协商民主决策进程的参与状况不仅仅受他们对于问题认知和知识状况的影响，更受到他们利益因素的影响。在环境治理进程中，公众涉及企业、社区、普通公民等不同利益主体，彼此存在利益上的冲突和不一致，即使政府为不同利益主体的参与搭建了平台有利于其利益诉求的表达，但在环境参与中经常面临着互相不信任，这种不信任可以表现在企业与公民、政府与公民之间，政府与企业、公民与公民之间。从嘉兴市的实践看，这种不信任主要表现在公民与公民之间以及公民与企业之间。这种不信任感往往增大社会管理成本，引起社会摩擦和冲突，导致社会矛盾。同时，在调查中我们也常常听到企业的抱怨，认为居民的要求是非理性的诉求。

在嘉兴，环保局工作人员、市民环保检查团召开公众座谈会中，往往邀请居民代表而不可能是全体居民参与。由于公众之间缺乏信任，对于最终达成的结果始终无法取得所有人的认可。例如，在嘉兴市城北由于其大型企业较多，对于环境污染问题居民的反映也最多，企业有新型设备和项目上马的时候，往往邀请社区代表参与以实现信息的透明，也希望获得居民的支持，但是由于居民和企业之间以及居民之间缺乏信任，使得这种参与的效果并不是很好，双方都觉得自身的

① 黄冀军：《从旁观者变成一支主力——解读环境保护公众参与“嘉兴模式”》，载《中国环境报》，2011年10月19日。

利益表达没有得到很好的保护和实现。

嘉兴市政府通过联网监测等技术对重点企业进行监督，同时还对企业进行定期和不定期的环保执法检查。但是尽管监测数据表明环境质量比过去有了很大的提高，但是仍旧难以得到居民的肯定。特别是对于环境监测的结果经常与居民的认知不一致，这使部分居民认为政府与企业合谋，以虚假数据来欺骗公众。另一方面，对于企业来说，在不断提升自身环保技术的同时也加强自身的环境管理，其行为也希望得到居民的认可。然而对企业加强与居民互动的努力，某些居民并不买账反而怀疑企业的真实意图，加深了彼此的不信任，也影响了环境治理的效果。

另外，有些公众提出的环境治理意见有时也过于极端，有一些不合理的地方，甚至为了利益诉求而坚持己见。特别是在项目评审时，由于环评一票否决的制度，因而要召开评审会和听证会等要很长时间。企业没有办法要求居民都同意上马项目，因而双方时常出现扯皮现象。其实在一些情况下，一票否决的做法在很多情况下是不合理的，特别是在协商双方缺乏社会信任的情况下。因此，在环境协商民主机制的发展过程中，要建立利益协调的机制来协调各方的利益，让社会成员在这些涉及各方利益的讨论和协调中自由选择并充分表达自己的意愿。这种沟通互动机制的建立可以缓解社会矛盾，把公共管理和社会管理的责任联系起来。

同时，我们也要致力于培育积极参与和理性参与的公民。他们是推进中国环境治理机制发展的依靠力量。在嘉兴，环保联合会的成员具有来自于各行各业的义务参与者（尽管其正式工作人员多为退休人员），在当地政府的支持下积极参与到环境治理的决策进程中来。联合会的部分成员也经常通过环保局的官方微博与市民进行互动，也会参与到对排污企业和个人的执法处罚中，坚持做到维德、维法、维公、维权。在调研中许多人也表示，赋权是公众参与环境协商民主过程的前提条件之一。目前，许多媒体抱怨在环境治理中公民的参与意愿不高，其关键问题就在于缺乏赋权，导致公众参与的实际效果并不理想。从这个方面来讲，嘉兴模式中对于公众的环境治理进程进行赋权就具有十分积极的意义。

第四节　对策分析

基于以上关于“嘉兴模式”存在问题的分析，为了持续推进嘉兴环境保护公众参与以及环境治理，我们要通过种种措施来发展和完善嘉兴模式，其具体可以从以下几个方面着手：

1．不断实现对公众赋权，增进其在环境治理中的主体地位

在嘉兴模式中，虽然公众参与的积极性很高，也通过市民环保检查团、环保联合会等组织不断参与到环境宣传、环境执法和监督过程中来，公众已经在环境治理进程中显示出一定的力量，但是尚未形成环境权利的意识。在调研中企业和社区里的公民代表表示在很大程度上这种参与只是政府政治上的一种需要，参与并没有什么实质效果，而实际上嘉兴模式中很大一部分公众参与的内容仍旧集中于环境教育和知识宣传上，降低了其参与的效果，这在很大程度上源于当前赋权的范围和程度还比较小。要提升公众参与的实效性，就必须要对其进行充分的赋权，确立他们在环境治理中的主体地位，共同行使权威，共同承担责任。

对此，政府应该进一步为公众参与搭建渠道和平台，并重点维护公众的“三权”，即环境知情权、环境参与权、环境监督权。在环境知情权方面，它所赋予的是公民相关的环境信息。这一权利涉及咨询性参与、告知性参与、教育性参与等形式，尽管在公众参与的各种形式中，这几类形式的参与所介入的程度较浅，并且常常停留在象征性参与的程度，而且与实质性参与的各种形式相比，其参与的程度较低，但这却是公民进行环境参与的知识基础和信息基础，是公众参与环境治理活动的前提。因此，为了维护公众知情权，我们要大力推进环境信息公开制度，特别是对于那些关乎民生的一些重大环境信息。

环境参与权和环境监督权的确立则是公民具有更为实在的参与权利，这些权利可以通过各类实质性参与的途径来反映，包括合作性参与、代表性参与和决策性参与。通过这些参与，公民可以参与到环境治理的决策过程中去，并形成决策意见，从而使公众的参与具有政策实效（见图 13 所示）。为了确保公民的参与权利，就要赋予公民在介入环境治理的过程中能够具有一定的决策权。这种赋权是

确保公民的参与具有实质性意义的前提。为此，我们要给广大公民介入到环境决策过程中创造机会，搭建平台并使他们能够进入相应的制度过程。例如，邀请他们介入到环境污染的现场检查中去，针对一些重大环境污染整治问题，举办市民听证会和信息通报会，让群众充分发表意见。当然，这些措施和方案的出台要注意避免走形式化。在环境监督权方面，政府在建立重大污染问题挂牌督办制度的同时，要积极通过市民投诉热线和环保部门网站以及微博、QQ 等网络信息平台加强与公众之间的互动，动员公众力量加强对企业违法排污问题的监督。

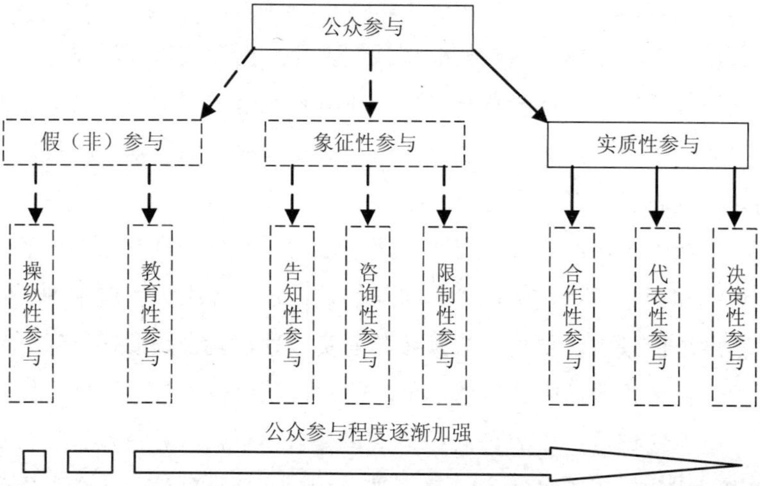

资料来源：尤建新，陈强：《以公众满意为导向的城市管理模式研究》，载《公共管理学报》2004 年第 2 期。

图 13　公众参与的层次图

2. 弱化环保组织的官方色彩，提升环保组织的公信力

公众对于嘉兴环保组织公信力的质疑，具体表现在行动独立性、成员代表性、财务透明度方面，很大原因在于环保组织浓厚的官方色彩。要提升环保组织在环境治理方面的作用，就必须逐渐弱化这种官方色彩，强化其公益性而非官办性，同时通过加强自主运作的能力建设以提升组织的公信力。

为此，可以从三个方面来进行改进：

一是要改变政府完全主导的决策和运作模式，让环保组织真正回归民间。

环保组织虽然要经历最初的政府扶持阶段，但是要持续发展就必须使自己成为一个相对自主的独立法人，通过凝聚民间环保专家、企业、社区以及公民个体，并不断地切实扩大外围公民的参与数量，加强环保组织与普通公众之间的联系，要避免其成为政府部门的延伸和“马甲”，努力提升其在化解“官民”分歧上的正面作用。

二是积极加强组织的自主性建设。环保组织要积极谋求财务的独立，同时加强自身约束机制来增进可信度，并努力通过环保公共行动来拓展组织活动的空间。在嘉兴市，环保市民检查团正力图通过项目制来增进财务独立，政府也在探索购买服务的形式扩大其经济来源，这些做法将能够增强市民环保检查团等环保组织的自主性。

第三，要加强环保组织行动的透明化。应该由公民代表对企业进行检查，由公民代表决定企业是否摘帽以及复查，要做到公平公正，使信息得到最大化的公开，增强透明度。不仅要让公民和社会组织参与环境管理、环境监督、环境治理、环境科研和环境宣传等实践活动，也要注重鼓励公众参与到环保难题和创新工作中，包括污染减排的监管、排污权交易政策的推广、跨界跨部门的联动执法和敏感区域的信访巡查，使公众参与更具公信力。

3. 提升公民环保素质，加强公众参与的能力建设

在嘉兴模式中，有很多公民在参与能力以及环保知识方面还十分有限，限制了其参与的深度和广度，要提升公众参与的积极性，就必须要解决公民在对环保决策进程介入时的能力不足问题。为此，首先必须加强环境宣传教育，通过宣传教育基地建设和媒体平台的推动，提升公民环保意识，并注重环保宣传方式方法的创新，不断推进环保宣传工作的深度和广度，努力提升公民的综合素质。基于公民的环境科学素质对生态文明建设具有重要意义，2015 年环境保护部、科学技术部、中国科学技术协会联合发布了《关于进一步加强环境保护科学技术普及工作的意见》（以下简称《意见》），该意见以加强国家环保科普能力，提高公民环境意识、科学素质和公民保护环境的自觉性为目标，从资源开发、活动组织、平台建设、媒体传播、队伍建设、社会动员等方面提出了系统要求，并将繁荣环保科普创作、积极开展科普活动、搭建环保科普资源共享平台、加强环保科普基地建

设、推进环境科技资源开放、利用全媒体传播模式和平台、加强环保科普人才队伍建设和引导社会力量参与等作为重点任务。这种系统化的政策框架的出台将有助于提升公民的环境素养进而推动其参与的能力。

其次，要强化公众参与环境的行动能力，依托环保组织化平台，积极主动参与到环境治理中来，提升公民自觉意识的同时，不断提升其利益表达的整体水平。在我国越来越多的民间组织加入到环保事业中来，例如“自然之友”，正从最初的环境宣传和教育开始围绕着若干重要公共事件构建公共议题，积极推动公众参与进而影响政府决策，可以说这些组织在政府和公众之间发挥着重要的桥梁和纽带作用，这种依靠社会组织平台来实现组织化行动也正以自有的方式唤醒公众的环保意识，提升其环保的参与能力进而实现意见表达，在这里环保的参与不仅表现公众的个人生活中，比如倡导公众个人承担自己的责任，做到节能减排，同时也表现在公共生活之中，比如通过环保组织平台倡导“绿色生活”，引导和动员市民“争当环保卫士”，建立全民参与环境保护和管理机制，这些做法都将很大程度上提升公民的环保素养以及环境参与的能力。

4. 加强环境信息公开，提升环境动员能力

在很长的一段时间里，公众参与缺乏热情主要原因在于环境信息的封闭以及一些环保工作距离公众生活太远，参与的门槛比较高，因此要实现公众的动员，激发公众参与的热情，就必须首先确保环境信息的公开，建立公众透明参与的环境治理机制。“公开”是民主和善治的核心价值和基本前提，也是环境治理取得成效的充要条件。然而在我国尽管《政府信息公开条例》颁布实施多年，但直到 2014 年底在国务院的要求和督察下，国务院各部委、全国各省份 2014 年信息公开工作的“成绩单”才第一次集体上网晾晒，即使如此，仍旧有一些部委和省份的报告被指应付和“不走心”。

在嘉兴市，尽管已经通过网站，QQ 和微博以及社区论坛等多种方式强化了政府与公众之间的信息互动和沟通，但是某些基层政府对某些环境敏感信息仍旧不愿意公开，同时对环境决策信息方面还是缺乏透明化。这种现象极大地影响了公众参与环境治理的可能性，也使得公众参与更多时候被认为是流于形式进而影响到公众参与的积极性。因此，急需改变环境信息公开的当前局面，落实中央政

府对于环境信息公开的各项要求，各级政府和环保部门公开所有的污染源，公开执法信息，公开企业排污信息，公开环评、审批和整改情况，强化公众监督，从而将政府和企业行为置于公众的监督之下，切实保障公众的知情权、参与权、监督权。

环境信息公开仅是第一步，要推进公众参与还必须动员社会各方力量，形成多元主体合作的治理机制，然而在通常的环境保护进程中，由于程序的不公正和操作上的不当，公众参与的热情因为参与的效果较差而不高，环境治理更多变成政府的行政管理工作，也难以发挥真正的效果。在嘉兴模式中，我们看到这种参与程序的制度化运作使得整个公众参与呈现出有序性，但是从公众参与的深度和广度来说仍旧有限，环保市民检查团的成员大多以退休人士为主，企业和社区居民的参与并不多，尽管嘉兴模式的社会宣传力度很大，其中以环保联合会为主的社会组织更是发挥着积极的推动作用，但是这些社会组织在社会动员和引导公众参与方面的能力并不明显，很多企业和居民表示没有接触和听说过该组织的相关活动，而作为最主要的环境治理主体，嘉兴市政府在搭建有效的公众参与环保治理行动体系的能力方面仍旧值得怀疑。

要进一步实现公众参与动员，就必须在手段方式上进一步创新，将某些公共环境问题交给公众讨论，在信息公开和程序公正的基础上通过公众的协商讨论，综合不同立场形成最终的决策方案，对此，政府应该对公众参与环境事务的过程进行良好的引导和管理，在搭建良好参与渠道的同时努力降低公众参与的成本，并不断地探索积累经验，形成适合不同利益主体参与的协同合作模式。只有这样，公众参与才会有所作为，更有凝聚力，从而在破解环保难题上发挥积极作用。

5. 建立公众参与的制度化保障机制

在以往的环境保护实践中，公众参与经常受到一些非正式因素的影响，比如在很多时候进行公众征询意见，并不是现有制度明确规范、约束的结果，大多数均属个案形式，一个方案到底需不需要征询群众意见，许多情况下往往是领导说了算。嘉兴市环境公众参与已经积累了良好的经验，但是容易受到主政官员执政思路的影响，因此，要努力探索将这种公众参与模式制度化、程序化，并通过法律保障机制的完善来保障公众参与的权利。

有效的公众参与，有赖于一系列具体的、可操作的制度保障。公众的有效参与，必须以环保信息充分、及时的披露为前提，同时要有完善可靠的专家论证和咨询制度。在此基础上政府要积极引导公众参与环保，让公众学会参与环保，让他们有机会就环保问题的重大决策全面的参与，事前、事中和事后，都要广泛吸纳社会公众参与。就嘉兴模式而言，要建立良好的公众参与机制，就必须改变行政主导的决策和运作模式，积极探索公众参与环境决策的手段和方式，并通过法律制度（诸如环境公益诉讼制度）的建立和完善为这种公众参与的权利提供保障机制。同时也要厘清法律责任边界，预防环保组织在环境监督中侵犯企业正常的生产经营秩序。要强调公众遵守法律底线，防止发生以环境保护为名进行的敲诈等违法行为，杜绝编造和传播网络谣言，明确公众参与的权利与义务。

在嘉兴市，在法律保障机制方面还需要进一步完善，譬如“点菜式执法”，有企业代表表示这种做法在法律上是不可行的，因为这些环保市民检查团的成员及公民代表并没有环境执法权，由他们对企业环保行为进行监督是可以的，但与环保部门联合执法就行不通，对于这种参与如何从法理上论证或者从具体操作上如何优化，就是值得考虑的问题，同时在公众参与环境执法中，“陪审团”的作用十分有限，难以有太大的发挥空间，为此需要有良好的法律保障机制来推动公众参与。

6. 提高参与质量，建立相互信任机制

对于环境保护来说，要将政策落到实处就必须加强政府与公众的互动以形成彼此的对话和信任。我国环境群体性事件的爆发，很多时候正是由于公民与政府缺乏沟通，彼此之间存在的环境信息不对称导致互相的不信任。目前在环境保护过程中我们经常听到参与各方的相互指责，反映了参与各方的不信感，包括公众对企业行为的指责，企业抱怨公众意见的不合理性；政府对社会组织的怀疑态度，以及公众对政府环境执法公正性的怀疑。这些相互指责和批评是具有一定合理性的，但是他们会损害取得推进环境治理这一共同目标的信任基础。正如在调研中一些民众所评论的：

——对环保局的不信任，政府主办的环保动员大会被公众指责为作秀。对环

保联合会的不信任也限制了公众真正参与到环境保护中来。那么环保局在关于环境决策时是否信任公众呢？其实环保局对公众是抱有怀疑的。他们质疑一些人进行环境诉讼的动机，担心公民打着环保名义做其他勾当。我们不可否认这在现实中的确存在，并因而使得政府在限制公众参与方面有了说辞——非理性的公民。公民与政府部门双方的不信任导致其沟通机制出现问题，甚至变得完全敌对。所以如何建立起双方的信任机制是需要解决的问题。

很显然，我们有必要提升社会行动主体之间的相互信任。要形成不同主体的良好互动和彼此信任关系就需要满足三个条件：第一，社会主体之间需具有共同的或者相类似的价值理念，至少不能是相互对立的价值理念；第二，两个主体之间有发生相互依赖性行为的必要性；第三是两个主体之间有发生相互依赖性行为的可能性。对此，政府、企业和公民个体拥有不同的利益倾向，很难满足以上三个条件[①]。在此，只能通过提升非政府组织在政府与企业以及公民个体之间的纽带和桥梁作用，来增进不同利益主体之间的信任关系。对此，政府明确环境公众参与的政策目标，加强环保部门与公众互动，增强公众对政府的信任，同时要积极为环保社会组织参与可持续发展和环境保护创造条件，不仅要在资金方面对环保社会组织进行扶持培育，还必须通过制定专门的发展规划和服务标准，鼓励环保社会组织在公众参与中的基础平台作用，以实现不同利益主体对环境事务的参与。

① 苏大林，周巍，申永丰：《走向良性互动：政府与非政府组织合作关系探讨》，载《甘肃社会科学》2006年第4期。

第六章　嘉兴模式与各地环境治理的比较

第一节　浙江省环境治理工作的发展

作为东部沿海发达省份，浙江省经济在近二十年中发展非常迅速，其人均GDP在全国各省中居于领先地位。然而，在经济发展中，浙江省也面临着第二产业在经济结构中的比重过高，“两高两低”（即高资源消耗、高污染、低技术水平、低效益）的问题。企业污染不仅给浙江省的自然生态环境带来巨大的压力，也促发环境群体性事件屡有发生。譬如，2001年东阳市画溪镇发生的环境群体性事件就是一个典型的例子。自此之后，浙江省各级政府对因环境问题引发的群体性事件的关注度有了很大的提高。

东阳市画溪镇拥有常住人口5.3万，自2001年起该镇以租赁土地的形式开始建设竹溪工业园区，拥有13家化工、印染和塑料企业。企业的生产经营活动产生大量的废气和废水给当地生态环境造成了严重危害，由于没有建立起利益表达机制来保护居民的环境权利，公众的环境诉求长期得不到解决，最终引发了多起群众抗议事件，造成了恶劣的社会影响，最终在浙江省委、省政府的介入下，才平息了事态的发展。

此后，为了缓解由环境问题激发的社会矛盾，浙江省政府不断加大环境保护的力度并在环境保护地方立法方面做了大量的工作。早在2003年，省人大常委会就发布了《关于建设生态省的决定》，提出要建立有效的公众参与机制。2004年，浙江省政府印发了《浙江省环境污染整治行动方案》，明确了各地市和各省级厅局污染整治工作的主要任务，省政府与各地市签订了省市长环境污染整治责任书。同时，政府将污染整治任务分解到每年的生态省建设责任书考核中，年终进行考评，重点污染治理任务，如污水处理工程、重点监管区整治等实行“一票否决”。同年，省政府发布了《浙江省人民政府办公厅关于印发浙江省环境污染整治行动方案的通知》，规定从2004年起，在全省开展以八大水系和11个省级环境保护重点监管区为重点的环境污染整治行动（简称“811 环境整治行动”），通过对重点流域、重点区域、重点行业和企业的整治，控制污染物排放总量，推进环保基础设施建设，强化环境执法和监测。

随后在2005年初，浙江省环境污染整治工作领导小组与11个市签订了《浙江省环境整治重点工程项目任务书》，加大责任追究的力度，并把钱塘江的治理列为当年浙江境内8大水系的整治重点。2006年，又增加了富阳（造纸行业）等5个省级环保准重点监管区域，比照重点监管区的要求进行监管；同时，每年分别确定不同的重点污染行业、污染企业进行重点整治，并取得积极的成效[①]。2008年8月，省政府发布了《资源节约与环境保护行动计划》，提出继续实行环境污染奖惩制度，鼓励社会各界依法有序参与监督生态环保工作。2010年6月，浙江省委《关于推进生态文明建设的决定》进一步指出，要强化公民生态文明建设的责任意识与参与意识，关心、支持、参与和监督生态文明建设。2011年修改实施的《浙江省建设项目环境保护管理办法》也对公众参与环境影响评价作了比较详细的规定。2013年浙江省开展共建共享美丽人居环境行动，并以治水工作为重点，通过“五水共治”行动推进产业转型升级，并以此为契机推进城乡环境综合整治的各项工作，加快建设美丽浙江。

目前，浙江省在环境保护方面的工作形势依然严峻，尤其是在空气污染（$PM_{2.5}$）、生活垃圾、生活污水和畜禽养殖等方面十分突出[②]。虽然，为缓解这些问题浙江省相继出台了一系列的法令法规，但这些法令法规要落实到民众的行动中还需要进行许多努力和推进。因为从某种意义上说，这些法令法规的执行力度或履行的有效性不仅取决于政府的努力，更取决于民众的环境意识和自觉行动。这就要求我们致力于培育公民的环境意识和参与态度，并进行公众参与的机制建设。

① 厉佛灯：《引领和推进浙江科学发展的重大战略》，载《今日浙江》2007年第6期。
② 赵小燕：《浙江启动共建美丽人居环境行动，强化人居环境整治》，载 http: //www.chinanews.com/df/2013/11-11/5489132.shtml，2013年11月11日访问。

在政策实践中，近年来浙江省政府在加强环保意识和环境宣教方面进行了许多工作。例如浙江省建立了环境决策民意调查制度，完善环保部门内部决策规则和行政决策程序[①]；也开展“五水共治”行动，要求地方政府、公众与环保组织多元主体共同发挥作用。为了推进社会组织在环境保护方面采取积极的行动，浙江省政府不断培育和扶持环保公益组织，发挥他们在公众参与中的纽带和平台作用。其中公益组织的典型代表“绿色浙江”环保组织尝试推动公众协作互动式的环境监督机制，谋求公众通过与职能部门的互动对话来解决问题。这些实践的结果带动了全社会公民意识的不断觉醒，促使公众以更大的热情加入到环境保护行动中来[②]。

在地市层面上，许多城市在环境保护问题上强化环境管理、监测和监督以及综合整治。例如，杭州市将水环境和大气环境作为环境治理的重点，并在2002年出台了《杭州市区大气环境综合整治方案》。为了执行这一方案控制空气污染，杭州市不断加大资金投入，强化对大气环境质量的整治。在水治理方面则通过关停淘汰污染企业，对河道进行实时监控，实施跨区域的“五水共治”工程以改良整体水环境和大气环境[③]。与此相应，温州市以“三个100%”为目标，加快环保基础设施建设投资，推进六大重污染行业整治的同时以温瑞塘河为重点推进平原河网综合整治，着力改善水环境的质量[④]。宁波市1995年就制订出《宁波市余姚江水污染防治条例》，成为全国第一次专门为一条河流制订一部地方性环保法规的城市。2013年，宁波市政府提出要以“发展生态文明、建设美丽宁波”为总目标，以“治理水体污染、治理大气污染、治理土壤污染”为工作抓手，进一步强化环境的综合治理[⑤]。在湖州、金华、衢州等地环境治理也有了快速的发展，但是大多数城市的环境治理工作都强调政府的环境管理和监督，以及一定程度上的环境信息公开，缺乏公众参与环境治理的机制。

---

① 陈春华：《环境公共治理的浙江实践》，载《决策》2014年第5期。

② 陈周锡：《“水地图”：公众借网络互动平台参与环境监督》，载《第一财经日报》，2012年9月21日。

③ 王力：《持续改善大气和水环境质量》，载《杭州日报》，2013年5月10日。

④ 浙江省环保厅：《温州市近期水环境治理工作取得新成效》，载http://www.zj.gov.cn/art/2013/10/21/art_13102_948373.html，2013年10月21日访问。

⑤ 郭静：《宁波水环境生态治理调查报告：清清河水归来兮》，载http://news.cnnb.com.cn/system/2013/07/30/007798520.shtml，2013年7月30日访问。

第二节　地方环境治理的政策导向

基于不同治理结构、治理目标，环境治理模式可以分为政府直控型环境治理模式、市场化环境治理模式、合作型环境治理模式、透明型环境治理模式、环境自觉行动治理模式、环境治理契约模式、清洁生产治理模式、三位一体环境治理模式①。此外，我们也看到市场调控模式、政府强制模式、企业自觉模式等②。在我国，政府环境管理长期依靠“命令—控制”的手段来施行。在许多地方（例如西部生态脆弱地区）还通过政府动员型环境政策“危机应对”和“政府直控”的方式广泛推行的生态移民政策③。随着我国环境政策从单一主体向多元主体合作的方向发展，环境治理的地方实践也逐渐关注到政府治理能力的有限性，并力图探索与社会组织的合作。

在浙江省的地方实践中，各个地级市根据自身的经济和社会发展情况以及环境生态的特点，形成了具有不同特点的环境治理策略。他们以各自不同的手段和方式来进行环境治理，也形成了环境公众参与的不同实践。这与各地的生态、经济和社会发展环境有密切的关系。比如有的城市注重环境宣传、教育、环境意识的提升和环境信息的公开等事宜，也有的城市注重环境监控的网络体系，也有的城市强调环保部门的监督管理职能，还有的城市强调引导公众参与来推进环境治理。我们可以对这些不同具体实践进行讨论，透视环境治理的关键要素以及嘉兴模式在推进浙江省环境治理中的深层次意义。目前，浙江省环境治理策略一般可以归纳为如下几种：

1. 以环境宣传、环境教育以及环境意识提升为侧重点

浙江省在1993年成立了环境宣传教育中心，负责制订全省环境宣传教育规划和年度计划并组织实施；组织、指导、协调和督查全省环境宣传教育工作；积极通过媒体平台推进环保行动等。中心近年来积极响应浙江省提出的“建设美丽浙

① 陈海秋：《国外典型城市环境治理的九大模式概述》，载《珠江现代建设》2010年第3期。
② 田千山：《几种生态环境治理模式的比较分析》，载《陕西行政学院学报》2012年第4期。
③ 荀丽丽，包智明：《政府动员型环境政策及其地方实践——关于内蒙古S旗生态移民的社会学分析》，载《中国社会科学》2007年第5期。

江，创造美好生活”的生态文明建设战略，大力推进环境宣传和教育并为地方政府环保部门服务。

温州市在经济发展中所面临的环境问题也十分突出。由于温州市外来务工人口众多,他们的居住场所多不固定，对于环境污染的感知较为缺乏，环保意识相对较弱。在这些居住区域，许多生活垃圾随意排放倾倒，而本地污染处理技术跟不上，企业主的环保意识弱，在治理过程中不配合。为了改变这种局面，温州市的环境治理工作注重公众环保意识的培养。当地环境保护部门在加强环保的日常监管的同时注重于环保宣传，深化部门合作以及公众参与机制。为此，温州市在2009年展开环保宣传的“五进”活动，要求环境教育活动进机关、进社区、进企业、进学校、进乡镇（农村）等，提高公众对于环保的认知度。借助于五水共治的契机，温州市也围绕生态建设积极提升公民的环保素质以及城市的环境综合竞争力。2010 年温州市启动“六城联创”（即开展全国文明城市和国家园林城市、森林城市、卫生城市、环保模范城市和历史文化名城等），还发布了《温州市创建全国文明城市（2010—2012）规划》来提升温州市市民的环保素质以及城市的环境综合竞争力[①]。

湖州市的环境治理工作同样集中在对公众参与环保意识的培养上。在对政府管理者的培训和环保理念的培养上，他们每年组织干部到市委党校、市行政管理学院进行轮训，培训的干部总计达到20多万人次。同时，注重对基层工作者和学生环保意识的培训。湖州市的政府管理人员和环保工作人员按照年度计划，重点对基层企业、乡镇农村、街道社区的管理者和工作人员进行环保法律法规、环境规划、环境标准等方面最新动态的讲解，也在中小学校设立环保课堂以便加强对学生环境保护意识和生态环境知识的教育[②]。加强对于自身环境管理和执法队伍的能力建设是政府提高环境治理水平的重要举措。

绍兴市政府环保部门通过大力倡导环境教育来推进环境治理实践。为此，绍兴市环保局成立了绍兴市环保志愿者协会，下设市民团、网民团、学生团、干部团等组织，他们积极开展生态文明宣讲、宣传资料发放等环保公益活动，也参与

① 吴孜放：《启动六城联创，优化发展环境》，载《温州日报》，2010 年 10 月 11 日。
② 李爱敏：《论环境法治视阈下生态文明城市建设的路径——以浙江省湖州市为例》，载《湖州师范学院学报》2013 年第 4 期。

政府部门的环保执法、检测及项目审批等方面的环保工作。这些做法通过培育社会组织以发挥其在政府与民众之间的桥梁和纽带作用，达成全社会对于环境问题的共治体系。此外，绍兴市也开展了企业环境监督员和农村环境监督员的制度建设，听取他们的意见和建议，强化全社会对于政府环境执法行为的监督，提升环境执法的公信力和执行力①。

2. 以建立环境监控网络体系为侧重点

浙江省境内水系众多、水资源丰富，形成了钱塘江、甬江、鳌江、瓯江等八大水系。由于浙江内轻工业、加工制造业、集体工业发达，因而水环境往往成为环境污染的重点领域。2013 年浙江省环境状况公报显示，全省江干河流总体水质基本状况良好，水质达到地表水Ⅲ类水质或以上的断面占到了 63.8%，具体状况见下表所示。但是，部分平原河网、京杭运河和湖泊水库的污染程度仍然较为严重，针对这种情况，浙江省新近提出的“五水共治”即将水环境治理作为环境保护的重要方面。为此，许多地方在强调环境行政执法的同时加强对环境的动态网络监控体系的建设。

舟山市作为海洋经济城市，水环境对其自身的发展具有特殊的意义。舟山市将其重点放在海洋生态的监测方面，目前，舟山海洋生态环境监测站是当前全国环保系统目前唯一的专业海洋生态环境监测一级站，其业务范围包括海域生态环境状况、陆域环境质量与污染状况、建设项目、限期治理项目竣工环保设施验收等项目的监测。舟山市针对大气监控和污水排放，设立环境监控网点的同时，采取相应的技术手段来降低环境污染的影响。并通过信息公开对空气质量、饮用水质量等实现日报、月报，还积极做好全国近岸海网及省海网的日常管理及应急预警工作，这些做法有效地提升了舟山市对于环境污染信息的及时掌握。舟山市大力推进环境污染信息监控网络的建设工作，在浙江省各市的空气质量排名中名列前茅（见下图所示）。

① 绍兴市环保局：《绍兴市环保志愿者协会成立》，载 http：//www.sxepb.gov.cn/art/2013/6/7/art_4671_410138.html，2013 年 6 月 7 日访问。

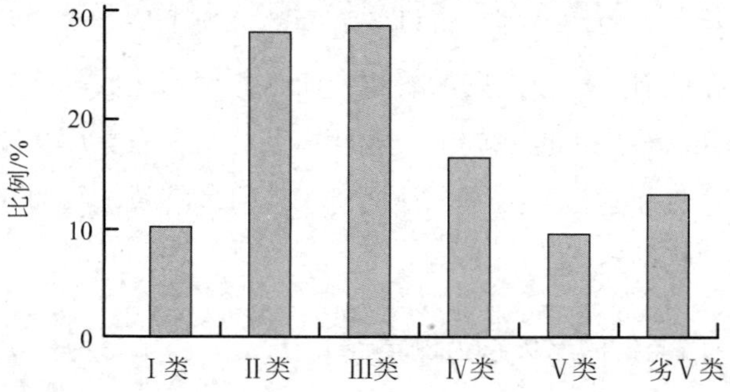

资料来源：《2013 年浙江省环境状况公报》。

图 14　2013 年浙江省地表水水质状况

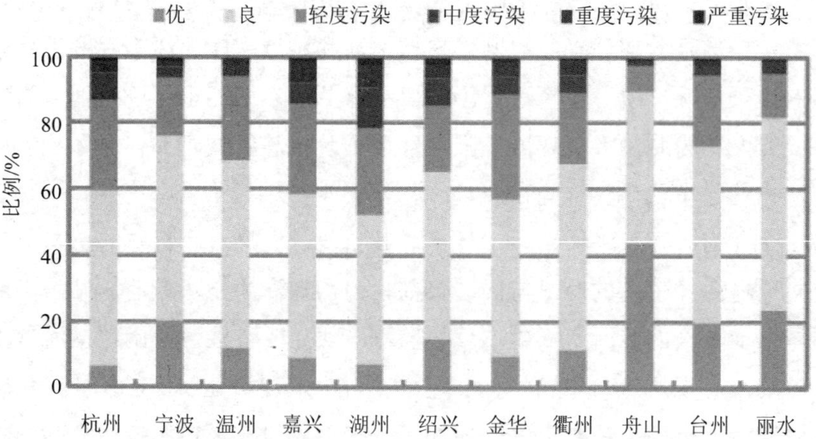

资料来源：《2013 年浙江省环境状况公报》。

图 15　2013 年浙江省各市的空气质量状况

3. 以加强政府的环境信息公开、环境监督和执法为侧重点

随着环境问题的进一步严峻化，政府对于环境保护的管理和执法力度在不断加强。各地政府力图通过强化环境举报、环境监督、环境执法等工作的力度，提升环境治理方面的管理效果。以宁波市为例，其作为典型的海港城市，其水体、大气、土壤等环境污染等比较严重。通过生态环境综合整治三年行动计划，宁波

市加大对于环境的整治力度，在加大行政执法的同时将环境信息公开作为环境治理工作的重要内容。这些内容涵盖了环保政策、法律法规、项目许可行政、环境行政执法、环境质量公布、污染减排和生态建设等多方面。强化在水资源、海洋生态资源、声环境等具体领域加强监管和执法行动。例如在水资源保护方面，以总量减排重点工程为抓手，进行污水处理管网建设的同时，对饮用水资源以及重污染行业进行环境整治。同时，通过开展春季行动，“绿剑行动”等专项执法，持续地对违法企业进行查处和取缔。

在海洋资源保护方面，通过推进清洁空气行动，机动车排气污染防治行动、空气检测网络建设的同时还对大气污染排放标准进行提升，并积极探索清洁能源替代措施。在声环境、固体废弃物、辐射环境以及自然生态环境方面也出台了诸如噪声达标区管理、POPs污染防治、辐射安全监管、生态环保创建等措施和相关活动。同时，发挥好互联网作用。通过政府网站和局外网发布政府信息。对环境质量进行日报和年报，并以新闻媒体、电子公告牌、网络等形式向社会公开发布空气质量、饮用水源水质、城市噪音等环境信息。

宁波市还通过整合办事窗口建设工作进一步强化窗口政务公开职能，推出政企、政民的互动活动。为了配合环境治理的重点工作，市政府也设立专项项目，例如宁波“禁止销售使用高污染燃料区建设”网络动态监督平台于2011年正式启动，听取公众呼声，推动“禁燃区”建设工作效率和管理水平的提高[①]。同时，在网上对于“超标违规记录公示”、“依申请公开”、“项目审批验收公示”和“信访投诉案件处理结果”等各类环保信息均在网站上进行了公开，并进一步完善了网上办事、网上咨询和网上投诉等便民事项。

4. 以动员公众积极参与环境治理为侧重点

环境治理要求多元主体的共同行动，如何实现公众的动员就成为环境治理的重要内容。对此，除了嘉兴市形成其独特的公众参与“嘉兴模式”以外，其他地级市，如金华市和台州市也在动员公众参与方面积累了丰富的经验，包括政府部门联动化工作机制的建立、公众参与网络平台的建设、公众参与渠道的扩展、公

① 宁波市环境保护局：《2012年宁波市公众参与环境保护工作总结》，载http：//gtog.ningbo.gov.cn/art/2013/2/16/art_13264_971441.html，2013年2月16日访问。

众参与环境执法监督工作的创新等。例如金华市在环境治理方面发展了联动体系，建立了联席会议制度，能够有效联合政府的相关职能部门共同参与环境治理工作。在此基础下，金华市环保部门结合联动的执法体制形成网络化的治理模式，这是政府对于社会问题管理的新形态，网络化的治理模式实质上是要求政府除了按照传统的自上而下的层级结构建立起纵向的权力线以外，还要必须依靠各种合作伙伴建立起横向的行动线，从而提高政府执政的工作绩效。

因此，一些民间组织能够参与到环境执法的活动中去，形成多方治理的新格局。此外，广大民众和各个民间社团可以依靠现代通讯技术手段（如 QQ 群和便民服务热线 8 890 平台等）形成及时、高效、便捷的互动协助机制，从而能够对企业的环境违法行为形成强有力的监督[①]。例如台州市通过颁布《台州市义务环保协管员管理制度》，建立义务环保协管员长效管理机制。“义务环保协管员”通过新闻媒体和报纸报刊向全社会公开发布，有权参与环保执法、听证、论证、决策、宣教等重大环保活动。他们可以监督和检举企业的环境违法行为，协助环保部门收集民意等。另外，与嘉兴模式中的做法类似，台州市环保部门也通过“市民点单式”环境执法行动，让市民代表亲自选择企业开展执法检查，突击检查，邀请市级主流媒体参与，对环境执法的全过程进行报道，促进环境执法更加透明化、公开化，这些做法推动了这些地区的环境保护实践[②]。

综合以上各地方政府的环保治理实践，各地的工作大都集中于技术监控和政府环境管理上，而在社会行动方面的实践和创新则显得相对薄弱。已有的在环境治理方面的工作，大多是各地环境宣教中心和社区组织的环境宣传和教育活动，而对于建立公众对于环境议题的主动参与机制方面做得还十分有限。这一状况表明，公众参与环境决策过程中的障碍因素还有很多。除了制度性的障碍以外，社会组织发挥的作用有限、公民自身环境意识不足、参与积极性不高等都是重要的原因。由此，探索与总结地方创新的成功模式，对于寻找实现公众参与的有效途径就具有十分重要意义。

与嘉兴模式相比，各地在环境治理方面的实践各有不同。各地实践模式的不

① 金华市环境保护局:《浙江省公众参与环境保护推进会暨中欧环境治理地方伙伴项目启动会交流材料》，2012 年。

② 台州市环境保护局:《浙江省公众参与环境保护推进会暨中欧环境治理地方伙伴项目启动会交流材料》，2012 年。

同策略往往取决于地方政府官员的态度和理念，进而会影响到政策效果。一些城市的实践聚焦于政府部门与社会组织的关系，另一些城市的实践则强调通过公民教育的方式增进公众参与。由于每种实践模式都有其特殊性，我们无法就此简单评估哪种模式在地方环境治理实践中最为有效。但是不可否认的是，在环境治理中公民的环境教育程度是公众参与的基本影响因素。因此，地方政府积极回应环境参与中的这些问题，通过手段和方式的创新提升公民环境教育的质量和水平，如湖州和绍兴都大力开展环境宣教活动，力图在全社会营造环境治理的良好氛围，提升公民的环境素质。由此可见，在各地产生的不同政策实践和治理模式的背后反映的是不同的目标主体在这一进程中所起到的作用不尽相同（见表5所示）。如何能够有效凝聚各目标主体的力量达成环境治理的有效性，探求各目标主体之间的互动关系来实现环境问题的有效治理，就成为有意义的议题。

表5　环境治理的地方实践

城市	活动	目标主体
嘉兴	市民检查团、专家服务团、绿色宣讲团	公众、公民团体、企业
宁波	环境信息公开和环境知情权	公众
湖州	环境宣传和对官员、公众的环境教育	政府官员、公众
金华	联系会议制度和网络化的环境治理模式	公众、公民团体
温州	“百团万人”环保公益行动和核心志愿者的带动	公众
绍兴	社会组织和志愿者群体的互动	公众、公民团体

资料来源：根据笔者各地走访调研、政府文件和公开发表的资料整理得出。

当然，就环境保护的公众参与这一议题，各地在环境治理的地方实践中都在一定程度涉及这一问题，尤其是在许多地方文件中都将环境保护的公众参与作为重要内容强调。但与“嘉兴模式”相比，这些政策理念和思想导向的讨论尚未落实到制度化层面上来，相应的机制也尚未建立。但是，各地的许多做法在一定程度上为建设环境保护公众参与的机制提供了条件。例如杭州市不断加大环境项目的管理力度，对敏感项目集体审议制度，实行专家审查公众参与制度；台州市则在环保局网站专门设置了公众参与栏目，公众可以通过该栏目建言献策和网上投诉，还可以通过举报信件公示、环保动车组网上论坛、民意调查等栏目对相关处理流程进行了解和监督；宁波市环保局则建立了重点企业在线监控实时数据的公开发布系统以接受群众监督和评议，也可通过电视、报纸、微博、网络论坛等途径推进公众参与，及时回复解答群众诉求①。温州市则专门出台了《环保局公众参与实施方案》，以完善信息披露、公众交流、公众参与、人大、政协督察四项制度作为其基本内容，尤其是通过开展“百团万人”环保公益行动，通过核心志愿者的传播带动，更多的人参与到环境保护中来，同时他们也邀请公众评审员参加重大环境项目的行政审批和环境决策。这些举措都在一定的程度上为公众参与提供了各种条件和机会。

但是，就机制建设而言，嘉兴市通过“嘉兴模式”的建设大大推进了公众参与环境治理的实践，推进的也比较早，也一直走在前面。随着近年来浙江省把“嘉兴模式”在省内进行推广，环境治理中引导公众参与的理念日益流行。在此背景中，各地环保部门也强化了他们在建设公众参与机制方面的意识。在金华市，他们也成立了市民环保检查团、环保专家服务团、环保志愿者服务队和环境维权法律服务中心等多支环保志愿者队伍，并且在创新公众参与六大载体的基础上形成了“群众点单”飞行监测、“圆桌座谈” 环评审批、“举报重奖”人人缉污等十大公众参与机制。这些做法与嘉兴实践十分相近，在很大程度上作为嘉兴模式推广的结果和一种模式上的“复制”。这些做法通过丰富公众参与形式和拓宽公众参与渠道，搭建起环境保护的全民行动体系。这些实践表明，“嘉兴模式”的经验已经逐渐在全省范围内流行开来，而这些经验对于公众参与模式的探索具有重要价值。

第三节　利益相关方分析

通过以上对浙江省各个市之间环境治理模式的比较和分析，我们看到各地在推进环境治理的进程可以采取不同的战略，其工作有不同的侧重。虽然这些实践的出发点和立脚点不尽相同，但都不可避免会涉及环境治理过程中各个利益相关方（政府组织、企业、社区、社会组织和公民）的博弈与互动。这种互动的状况决定着该实践模式的运作成效和特点。因此，在对这些模式的机制分析中，我们可以在利益相关者理论的基础上对上述个案展开具体分析，探究不同实践模式背

①王海珍，王璐：《宁波：环境信息走在阳光下》，载《环境保护》2011 年第 11 期。

后的运作基础和特点，以便与嘉兴模式的运作机制形成参照并进行比较。在展开比较之前，我们要首先描述嘉兴模式的运作机制。

在嘉兴模式的运作中，各个行动主体之间的关系见图 16。图中表明，政府与社会组织（非政府或准政府组织）合作推进多方环境治理是嘉兴成功运作的关键因素，这也导致公民组织和政府部门之间的联系过于密切，使得双方之间形成了一定的依赖，从而使该模式面临着可持续性和财政问责的巨大挑战。因此，这一模式的成败关键在于政府与社会组织的“友好关系”是否可持续，以及社会组织自身能否取得可持续的财政资源和社会资源，成为“社会良心”的代言人，并进而扮演“社会权威”的角色，起到相对独立的作用。另一方面，政府与企业、普通公众之间的互动关系相比较弱，公众参与虽然可以通过市民检查团、专家服务团和绿色宣讲团发挥作用，但是却无法从更广泛的层面影响环境治理的进程，普通公众参与率相对较低。这就需要对公众进行进一步的赋权。

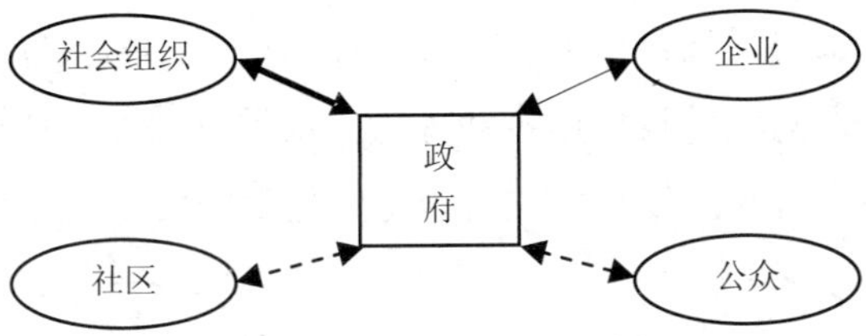

注释：⟷ 表示强关系；⟷ 表示部分强关系，部分弱关系；⟷ 表示弱关系。

图 16　嘉兴环境治理公众参与模式

基于这种关于主体之间的分析，我们来看浙江省其他市县的环境治理经验。尽管他们在环境治理方面取得了很大的成绩，但是对于其治理的效果还面临着许多问题，尤其在推进公民个人参与环境治理过程中，在能力和专业性方面仍然存在不足。与此同时，企业方作为环境参与的主体仍旧具有较强的影响力。公众对企业环境行为的监督仍旧局限于政府的认可，缺少独立的运作和相关参与行动。解决这一问题的有效途径是公民通过社会组织实现非直接的公众参与。例如绍兴市和嘉兴市积极培育环保 NGO；温州市则通过开展大规模的公众环保活动提高公众的环境参与意识。在一些情况下，公民的环境参与的意识和动机并不缺乏，真正缺乏的是保证政策执行效果的组织化机制和管理方式、高效率的资源分配机制，以及基层公众的参与渠道。因此在环境治理的组织化模式中，公众参与的实现可以通过自上而下和自下而上两种方式来完成，前者强调政府部门对于社会团体的协调和整合，后者则强调基层公众的广泛参与。

在宁波市，政府的环境治理工作主要体现在环境信息公开的制度建设上。在 2013 年中国城市 PITI（污染源监管信息公开指数）的评价结果中，宁波连续第五次在全国 120 个城市中名列第一位。污染源监管信息公开指数的评价标准主要包括日常超标违规记录、自行监测信息公示、重点企业数据披露、环评信息、企业环境行为评价等 8 项指标。在信息公开的发布渠道方面，宁波市通过环境保护网发布大部分环保信息，内容涵盖环保政策法规查询、项目行政许可、行政执法信息披露、环境质量公布、污染减排和生态建设等重大工作进展的各个方面，并受理网上咨询、网上投诉等工作[①]。由宁波市的实践可以看出，其环境治理更多的是强调公众的知情权，通过信息公开搭建政府和公众之间的“强关系”，公众对于环境方面的诉求直接通过环保部门的咨询和受理进行直接的答复，并依据具体情况通过行政和经济手段对企业进行监督和处罚。从另一方面说环境社会组织构建比较缺乏，政府对于环境公益组织也缺乏培育（见下图所示）。

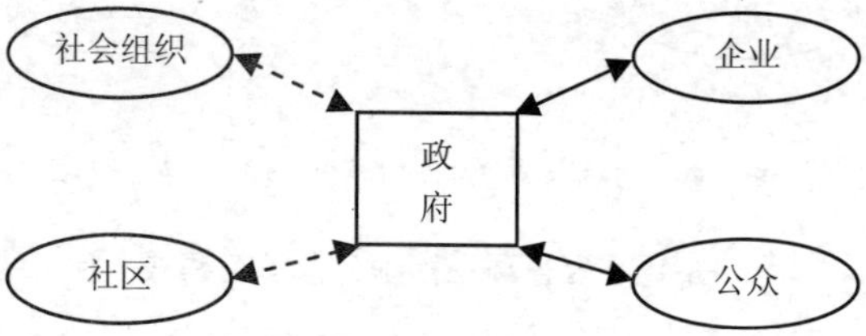

图 17　宁波个案

在湖州市，环保部门的工作重点主要在于环境保护意识的宣传和对官员和公众的环境教育，同时强调对企业的信息监测和监督，这使得政府与公众呈现强关系状态，即这种环境工作主要通过政府对公众环保意识的提升以及政府对社区活动的倡导而形成（见下图所示）。在湖州市，政府通过举办由乡科级以上领导干部

① 金姗：《环境信息公开程度宁波获五连冠》，载 http://jdnews.cnnb.com.cn/system/2014/06/21/010984555.shtml，2014 年 6 月 21 日访问。

参加的“生态文明与生态湖州建设专题研讨班”，开设“市环保局局长讲环保”专题讲座，对领导干部进行培训，提升他们的生态文明理念。同时，政府部门也十分重视面向农村生态建设骨干、乡镇环保站、重点环境整治企业管理人员等的培训教育，提高基层环保人员的环保法律意识和管理水平。此外，环保部门还结合“绿色系列”创建工作，重视公众环境宣教。借助社区的市民学校、学校的家长课堂、省级环境教育基地等阵地，宣传环保知识，渗透生态文明理念。积极拓展环境教育领域，自2009年起连续4年推出“环保科教电影送下乡”活动，深入农村社区放映《农村饮用水源地保护》《生活垃圾巧处理》等环保科教宣传电影共达3 000场次。同时借助乡镇环保站这一网络，加强农村环保知识的宣传和环境维权意识的强化，发动群众，共同打击违法排污行为[①]。

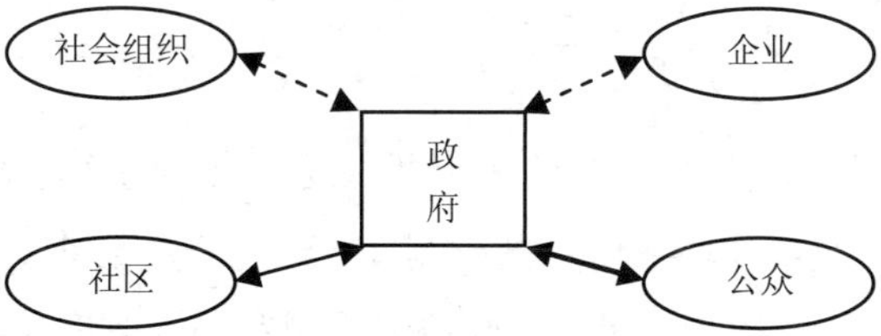

图18　湖州个案

在金华市，环保部门鼓励环境社会组织参与到环境治理的进程中来。2013年，金华市成立了首家正式注册的民间环保组织——金华市绿色生态文化服务中心成立，该机构以金华市环境保护局为主管单位，业务范围涵盖了环保文化宣传、咨询服务、策划和承办环保相关活动等。通过这些活动的举办，政府能够与社会组织建立起互助合作的关系。由于社会组织在聚集社会资源方面有着天然优势，政府能够把部分环保职能交由社会组织来承担以提高环境治理的成效。同时，政府积极推动“环保文化墙”的创建工作，并在学校建立生物展馆，搭建环保展示平台，以把环保理念植入民间，这些措施都使得政府与社会组织的关系较强[②]。同时，强调环境执法监管，坚持对环境违法行为“零容忍”，进一步加强环保与纪检和公

① 湖州市环境保护局：《浙江省公众参与环境保护推进会暨中欧环境治理地方伙伴项目启动会交流材料》，2012年。
② 金华市环境保护局：《浙江省公众参与环境保护推进会暨中欧环境治理地方伙伴项目启动会交流材料》，2012年。

检法等部门的协作，深入开展环保与公安联合执法行动。全面开展“网格化”和“精细化”执法工作[①]。这些做法使得政府对企业的污染排放形成了有效的监督。但是在金华市，政府与公众之间主要还是以环境宣传为主，与公众以及社区之间的互动较少，公众参与的渠道有限，难以实现真正的公众诉求，以及对环境治理形成有效的参与和监督（见下图所示）。

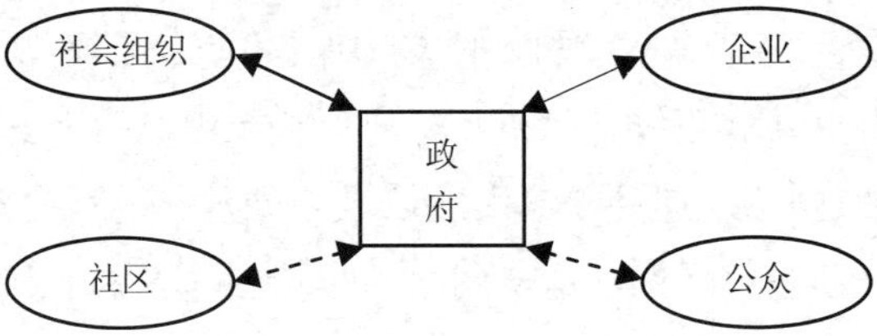

图 19　金华个案

在温州市，环保部门制定了《温州市环保局公众参与实施方案》，着手建立并完善“四项制度”，即完善环保信息披露制度、建立公众互动交流制度、健全公众参与环保管理制度、完善人大代表、政协委员跟踪督查制度，这些制度建设为完善公众的环境参与渠道具有重要意义。此外，政府也积极利用现有的互联网渠道创设公众参与的新平台，包括在“绿色温州”网站开设“环保在线交流”栏目、在“温州论坛”开设“环保之声”子版块等，这些平台的设立能够开展网络投诉受理、咨询解答、征求意见、在线调查、网上信访等活动。除此之外，市民也可以通过网络进行留言，市环保局各处室（单位）会成立网络专员队伍对市民的各类留言进行及时回复和反馈，增进与网络群体交流互动，畅通公众沟通渠道。温州市还根据不同层面公众群体的关注点和自身特长，建立了四支公众参与的社会力量：市民督察团队伍、环保讲师团队伍、温州市环保志愿者服务总队、温州市千人环保监督员队伍，对环境工作进行监测、执法检查、督察以及宣传[②]。这些做法体现了温州市政府与社会组织以及公众之间的关系具有部分强关系，而政府与企业、社区之间的关系相对上较弱（见图 20 所示）。

① 丁政：《金华：一手抓整治，一手抓保护》，载《中国环境报》，2013 年 6 月 26 日。

② 温州市环境保护局：《浙江省公众参与环境保护推进会暨中欧环境治理地方伙伴项目启动会交流材料》，2012 年。

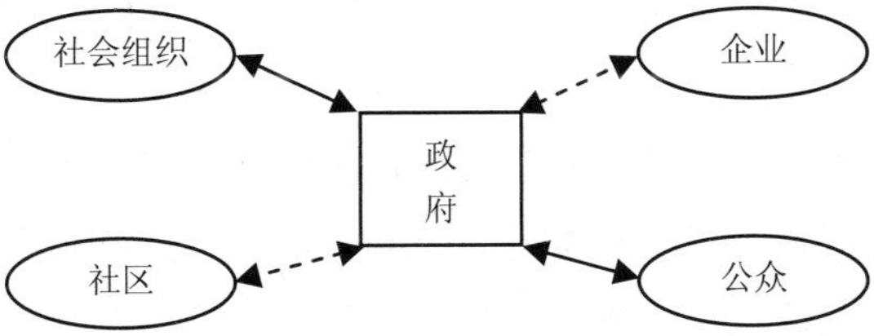

图 20　温州个案

在绍兴市，环保部门早在 2005 年就成立了市环保志愿者协会，协会成员由 300 余名来自各级机关、企事业单位和各大院校热心于环保事业的志愿者组成，其中还有不少离退休老同志，他们也是公众参与环境保护的骨干力量。此外，环保局通过《绍兴日报》《绍兴晚报》等本地媒体面向社会公开招聘公众环境监督员，共同参与环境执法、监测、评审、生态创建等多个工作领域，不断加大公众参与环保工作的力度。这些实践表明，绍兴市的环保社会组织聚集了广泛的人力资源参与环境治理，并在此过程中不断地发展壮大。如今，环保部门也积极引导“夕阳红”老年环保骑游队、文理学院大学生环保社团“绿社”等环保 NGO 组织开展活动，汇聚民力，不断壮大环保志愿者队伍①。在此模式中，政府培育的由环保志愿者组成的社会组织与政府部门形成了良好的合作关系。这一模式与嘉兴的公众参与模式十分类似，尽管其制度化的程度还比较低。同时还通过环境污染综合整治，提高了环境执法的公信力。尤其是公众环境监督员直接参与执法检查，通过社会舆论的压力促使企业完成环境整改任务，这些做法也使得政府与企业之间的关系相对于环境管理工作更为较紧密（见下图所示）。

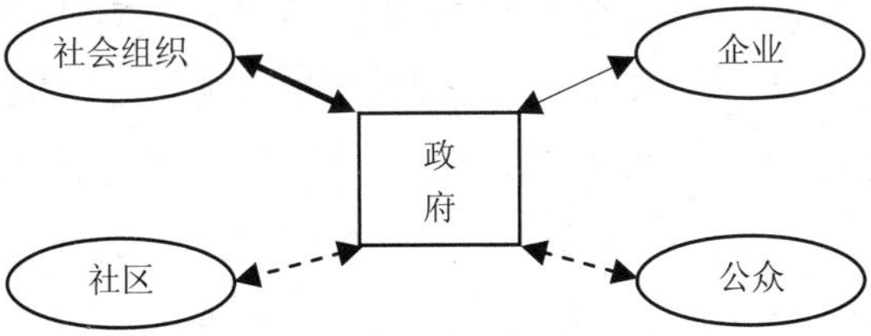

图 21　绍兴个案

① 绍兴市环境保护局：《浙江省公众参与环境保护推进会暨中欧环境治理地方伙伴项目启动会交流材料》，2012 年。

基于对上述案例的分析，我们可以得出环境治理过程中各利益相关方之间的相互作用关系。与嘉兴模式相比，上述五个城市在环境治理方面的实践各有不同。总体来说，地方政府主导的自上而下式发展路径是各个案例之间的共同点，只是在不同的地方实践中形成了政府与社团、企业、社区和居民等不同的互动关系和模式。例如，有些案例中企业为了逃避环境保护的责任，导致他们参与环境治理的积极性不高。而在环境治理与社区的联系中，社区发挥的作用亦十分有限。只有当环境污染问题影响到社区居民的切身利益时，社区才有动力去参与环境治理工作。因此，我们发现政府建立与社会组织的良好合作关系是环境 NGO 发展的必要因素。在威权主义背景下公众参与环境治理可以通过与社会组织的互动来间接实现。此外，我们必须建立政府部门与环保组织的有效互动机制来避免环境冲突，以此来消除环境治理过程中的系统性障碍，而对公众参与状况的分析则有助政府部门和社会组织担负起更多的环境公共责任①。

当然我们也必须强调，尽管我们在模式比较中注重各地环境治理经验方面的差异，但是他们在环境治理的一些基本导向上也具有许多共同性。由于这些工作都是回应中央政府对于各地环境治理的要求，因而各地在政策导向上不可避免地需要回应这些政策要求。例如近几年来中央政府大力推进环境信息公开，并发布《环境信息公开办法（试行）》。这就要求各级环保部门在职责权限范围内向社会各界公开环境信息，也要求企业按照自愿公开与强制性相结合的原则，及时准确地公开企业生产对于环境的影响，并对其中的一些不依法履行环境信息公开义务的企业提出要求，强化监督，公民也可以向上级环保部门举报。同时，对于发展环境治理的非正式组织方面，中央政府不断放松社会组织的注册和准入门槛，新出台的《环境保护法》进一步确立了社会组织在法律上的地位，赋予社会组织可以依法提起环境民事公益诉讼的权利，这些做法极大地推进了地方环境治理中的实践。因此尽管各地市在环境治理方面的侧重点不同，但为了落实中央政府的要求又使其工作具有很多共同性，从而使得各地环境实践中出现重叠和交叉等现象，并且使得各地在不断学习中来提升自身环境治理的成效。

① 林卡，易龙飞：《参与与赋权：环境治理的地方创新》，载《探索与争鸣》2014 年第 11 期。

第四节 模式比较

地方政府在环境治理上采取的不同政策，反映了他们所具有的不同理念和政策导向，而这种不同的导向又决定了政府与其他社会主体的强弱关系。当政府与企业的关系较为密切时，它所反映的是政府与市场关系的强弱。当政府与社会组织和社区的关系较强时，反映的是一种社会治理的导向。而当政府与公民的关系较强时，反映的是公民与公共事务的关系。在中国目前的环境治理实践中，政府与公民直接关系相对较弱，正如我们从以上图表中反映出的，公民对于环境治理的直接参与较弱，而政府十分强调这种公民的直接参与必须是有序进行的，以避免群体性事件的发生。在环境保护的议题上，我们不可能期待政府与企业的关系十分密切，因为两者存在着利益对立或者存在着对抗。我们还必须注意到目前在环境治理的议题上，市场的规则所起的作用还比较薄弱。例如我国推进碳交易、产权交易和绿色供应链等市场因素对于环境治理的贡献目前还十分小，这两方面的关系在各地的模式都是共同的。

这几个模式所存在的差别在于，政府与社会组织和社区的关系。两者都是非政府组织，但前者反映的是横向的社会团体，其作用的发挥能够弥补政府在某些社会领域内职能的缺失，而后者反映的是纵向的社会组织，其作用的发挥是基层政府组织向居民的一种权力延伸。在以上的各个模式中，一些地方采取的是注重社区环境教育的方式，而另一些地方则注重建立起与社会组织的友好关系，利用社会组织来推进环境治理。正如我们在嘉兴模式中所看到的，当地的环境保护工作注重通过社会组织来发展并推进环境保护事业，而在社区层面上的推行是十分有限的。嘉兴模式中政府对于这些社会组织进行赋权，从而使公众获得对环境监督，环境执法和环境执行的相应权利。从公众参与的角度来说，公众通过社会组织的间接参与，但如果这种间接参与的组织化程度较高，也能够获得比直接参与更为有效的效果。

同时我们也注意到，在以上图表中，我们通过关系的箭头来表明主体之间的相互作用。通过以上图表我们可以看到，在各种社会组织中政府位于中心位置、处于主导地位，社会组织呈现出自上而下的、政府驱动的发展状态，而其他的各种社会主体在政府的互动中，其制约性和反作用比较弱。反之，如果这种反作用十分强烈，或者是由这些主体反过来推进政府，那么这种关系所形成的模式将是一种自下而上的行动模式。在自上而下的机制下，公众参与环境治理可以通过与社会组织的互动来间接实现。基于目前的状况看，在浙江省内的环境推动工作尽管各地的模式不一，但其所反映的关系是以政府为主导的自上而下的模式。尽管如此，我们仍然要充分地认识到嘉兴模式对于缓解这种自上而下的模式运作所带来的副作用意义很大，因为其能够为我们理解中国社会环保民间组织的生存法则提供借鉴。在对于嘉兴模式的评价中，有人认为环保联合会并不是真正的NGO，因为其目前仍是以项目运作的方式从嘉兴市环保局争取经费支持。但是，我们仍然要充分肯定，这种实践模式为嘉兴社会组织的持续运作以及环境治理的深入发展创造了条件，具有较强的政策意义。

事实上，政府与各方利益相关方之间利益关系的强弱是一个不断演化的动态过程。随着社会组织的成长与壮大，其对于政府的影响力也会不断增大，并且也有可能在未来强化对于政府的影响，并逐渐培育起一种自下而上的运作模式。社会组织的成长有赖于提升其所具有的自主性，并增强社会组织本身对于社会的影响力和对于政府的影响力。随着社会组织的发展，我们可以期待公民社会的力量能够最终改变政府通过自上而下的方式单向度地影响环境治理的进程，使得这一模式中的各种社会主体都能够发挥积极主动性，以自下而上的方式提供发展的驱动力。目前，嘉兴模式的实践正沿着这个方向拓展。为此，嘉兴市环保联合会把提升组织的自主性以及其在公众中的影响力方面作为其工作重点，并明确积极推动其向真正的自主的非政府组织发展。在提升组织的公信力方面，嘉兴市环保联合会除了依赖成员对自我的道德约束，目前也尝试尽可能使信息最大化公开（例如评审员公开招聘、严格审核、及时公示），还通过参与案件调查的陪审员名单随机抽取，邀请与案件有相关利益的公众参与调查等，提升其组织成员的普遍性。但是我们也看到，在目前嘉兴市环保联合会的运作中，真正参与到活动中的仍然只是少数市民，要扩大组织的影响力就需要有更多的公众参与，并且还需要培育更多的社会组织来汇集公众参与的力量。

同时我们也要考虑到政策学习的意义。在社会政策和公共政策的理论研究中，政策学习过程是社会创新的重要来源，这一过程会引导各地的实践走向某种新的导向。因此，在各地的环境保护的实践中，政策导向的设立既取决于地方环境特点，也受制于政策学习的过程。以嘉兴模式为例，该模式所形成的在环境治理公众参与方面的经验在浙江省大力推进，并对浙江省各地环境治理实践产生了很大影响。自2012年，通过“嘉兴模式”的积极宣传，浙江省各地级市逐渐形成了环境公众参与的理念。这对于浙江省各市环保部门培育社会组织和强化公众参与环境治理的权利方面，具有很大的推动作用。在此背景下，我们看到尽管各地环境政策实践存在着差异，但在近三年来各地都强化了环境公众参与的工作。

举例来说，舟山市自2013年以来推进环境信息公开的同时，不断扩展公众参与环境管理决策的途径和方式，逐步建立起一套公众参与环境影响评价和环境执法的工作机制。宁波市在2014年也成立了宁波市环境保护促进会，通过公开招募市民环境监督员的方式，搭建公众参与环境保护监督平台，该组织建立的“环境眼”网站不仅成立了专门的市民环境监督员和环保宣讲员队伍，还通过“环境眼”的环境监督和环境投诉栏目让更多的市民参与到环境监督活动中来。温州市则致力于搭建水环境保护官民互动的新体系，不仅通过温州“绿色水网”等民间环保组织力量共同组建“护水行动团”，公开向社会招募环保志愿者，还广泛动员企业主动分担社会环保责任，鼓励企业打造政群良性互动平台，同时还制定地方自治村规民约等方式以打造环境保护行动的全员参与。

在这些活动中，金华市的环境治理实践在很大程度上复制并推广了“嘉兴模式”，并在推进公众参与环境治理进程方面进行了大量的工作。不仅形成了公众参与环保的宣传行动、主题活动、创建活动、教育培训、监督监管、“五水共治”行动等六大公众参与载体，还初步形成了“群众点单”飞行监测机制、“圆桌座谈”环评审批机制、“举报重奖”人人缉污机制等公众参与的十大机制。2014 年底，金华市成立了环保联合会，使环境治理公众参与的机制在政策层面落到实处。在实践中，金华市环保联合会复制了“嘉兴模式”中的“三团一会”，成立了市民环保检查团、环保专家服务团、环保志愿者服务队和环境维权法律服务中心等多支环保志愿者队伍，为公众参与搭建平台，并制定了《金华市环保联合会章程》《金华市公众参与环境保护管理办法（试行）》（以下简称《管理办法》）、《金华市环境违法行为举报奖励暂行办法》等配套保障制度。

值得强调的是，在金华市的环境参与的实践中，金华市环保联合会、金华市绿色生态文化服务中心和义乌市碧水蓝天环保俱乐部等 20 多个民间环保组织成为推进环境参与的重要社会组织。这些组织搭建了公众参与的组织平台，从而拓展了公众参与的渠道。当地环保部门不仅组织环保专家、市民代表和媒体记者参与环保规划评审会、项目论证会和治理方案恳谈会，还组织社会公众和媒体定期不定期地参与市民代表随机点名的“点单式”全程执法等行动，以及企业环境行为信用等级评定等。这些做法与嘉兴模式的六大行动体系比较甚至有所拓展，在很大程度上呼应了嘉兴模式。这表明浙江省各地经验的交流和政策学习，对推进当地的环境治理起到重要的作用。

基于这些实践，我们可以认为，“嘉兴模式”是可以作为一种环境参与的模式进行推广，并具有一定的有效性和可复制性。这一模式有助于地方环境治理的进程从政府单向度的环境管理和执法向社会治理转型，从政府单方面管制向多元、合作、开放转变。这种经验经过宣传和推广，在其他市也可以被不断复制和拓展，从而体现嘉兴模式具有一定的可推广性。在此，对于这一模式的推广并不应该排除当地所具有的个性的东西，因为嘉兴市环保组织及组织平台的成立也具有自身的特性，但只有提升其普遍性我们才能充分实现这一模式所具有的发展潜力和真正意义。

就民间环保组织的特点分析，也具有自我教育、自我保护、自我维权等多项社会功能，其扎根于民间具有公益性，更注重社会民生的情感投入。从嘉兴发展社会组织推进环境治理取得的实践经验来看，政府职能部门要从以下几个方面入手：一要从其固有的社会功能着手，按照“广泛、平等、民主、协作”原则，为民间环保组织能够在自我教育、社会监督和依法维权等方面取得新突破创造条件，提高民间环保组织的工作水平；二要加大对组织建设的情感投入，使民间组织能够获得一定的社会公信力来凝聚民间环保力量，吸引和支持更多的有识之士参与环境保护的实践活动；三要积极进行社会创新，调动公众在环保工作上的积极性和创造性。这些创新形式可以是开展公益性社会宣传活动；可以是通过信息交流、资源共享、区域联动来促进公众参与的社会大协作；也可以是通过组织一批社会环保权威和精英，开展相关学科技术的研究和开发应用，促进环保组织社会地位的提升；还可以是通过开展社会义工服务（包括植树绿化、污染防治、社区生态保护、资源再利用等）带动生态文明和环保事业的健康发展[①]。由此，嘉兴模式未来的发展方向应当是建立与本地相协调的基层环保组织，这是深入构建社会大环保格局的基础和保证。

① 章剑，徐建平：《现实发现 · 实践发掘 · 探索发展——对生态文明建设与环境保护公众参与现象的研究分析》，载《今日环境》2011 年第 2 期。

第七章　理论意义及其政策倡导

环境公众参与问题在国内外的讨论很多，从社会管理视域讨论环境保护的参与议题更成为近十多年来的焦点，然而从总体上来说，在国内学术界中对于这一问题的研究还刚刚起步，研究的范围和视野也较为狭窄。尽管有关公众参与的研究报告有许多，但缺乏理论解说和阐释。针对这些问题，本研究关于嘉兴模式的讨论，为我们展开公众参与的理论研究提供了机会。在本章中我们将基于嘉兴经验展开理论和政策上的讨论，说明与“环境协商民主”相关的理论问题及其在社会管理和公共管理中的意义。它可以对公众参与环境保护的主体、范围、方式进行阐发，也可以在公共管理理论讨论的背景中回应如何通过公众参与的方式应对政府失灵、市场失灵和志愿失灵的挑战，从而提升环境治理的实效性。

第一节　理论分析

1．发展社会组织：应对机制失灵的良药

在公共管理和社会治理的理论研究中，人们常常谈到“市场失灵”、“政府失灵”、“社会（组织）失灵”和“公众（参与）失灵”的现象。这些机制运作的失灵，意味着各社会行动主体未能在社会管理领域中有效地发挥作用。这些分析框架也可以运用到环境治理的领域中。作为界定，“市场失灵”意味着一些企业在市场竞争中的逐利活动，常常会使市场机制失去资源配置的有效性，特别是不能按最优化原则提供公共物品和公共服务，造成这种“市场失灵”的原因在于市场机制本身所具有的内生性[①]。市场机制的运作难以高效地组织和实现公共物品的供

① 刘辉：《市场失灵理论及其发展》，载《当代经济研究》1999 年第 8 期。

给，而环境和资源则是重要的社会公共资源。同时，市场机制也无法有效地纠正由其外部性问题所带来的对于社会生活的副作用。如工厂排放污染物会对附近居民造成危害，企业对自然资源的掠夺性开采和对生态环境的严重破坏也会造成灾害性的社会后果。这些外部效应无法通过市场价格机制表现出来，因而也就无法通过市场交换的途径加以纠正和解决[①]。

这些方面的问题突出地表现在企业在履行社会责任（包括环境责任）时的缺位。作为结果，一些企业把自身发展所造成的环境污染代价转嫁给社会来承担；也有些企业在投资开发、生产销售和提供商品服务等环节上忽视对于生态环境改造方面的投入，对社区和社会生活造成许多负面影响。这种情况导致人们对于这些企业生产经营过程及其结果提出质疑，要求政府对其进行监管。但要真正解决这些问题，只有真正发动群众参与到环境保护的活动中，对污染企业形成社会压力，才可以切实矫正这些“市场失灵”的状况。

“政府失灵”是指政府在公共物品和服务的提供，以及公共问题治理中的无效和低效率现象。公共物品具有非竞争性和非排他性的特点，这一特点决定了公共物品须由政府组织来供给而不能像私人物品那样通过市场机制来供给[②]。但是，在政府供给和分配公共物品时也会出现“政府失灵”现象。由于公共物品的供给是一个公共选择的过程，而政府作为“理性人”的行为会由于各种原因而导致公共物品供给过程中的权利垄断、信息不对称和预算最大化等一系列问题，从而导致公共选择过程中的“政府失灵”现象[③]。在环境治理领域中，这些现象可以通过政府在环境执法过程中的不作为或过度作为这两种极端现象表现出来：不作为的结果可能导致环境治理的低效率甚至是治理失效，过度作为的结果往往伴随着行政权力的越位和滥用并造成负面影响。正如我们在环境治理问题上所看到的，各地在环境管理中常常会出现监管不到位，相互扯皮或推诿，或放任自流的现象。其原因固然与环境监管工作量太大、涉及面较多、经济成本高等因素有关，但也与专业管理人员缺乏、社会监督缺失等因素的存在相关。因此，我们需要通过公众参与的手段来促使政府积极和有效地履行其公共责任。

---

① 吴光芸，方国雄：《市场失灵，政府失灵与非营利组织失灵及三者互动的公共服务体系》，载《四川行政学院学报》2005 年 1 期。

② 金太军：《市场失灵、政府失灵与政府干预》，载《中共福建省委党校学报》2002 年第 5 期。

③ 腾世华：《公共物品非营利组织供给的理论依据》，载《云南行政学院学报》2002 年第 6 期。

除了“市场失灵”和“政府失灵”现象的存在以外，我们也看到“社会失灵”的现象。“社会失灵”本意上是指社会组织和社会成员在社会自治能力或驱动力方面的缺失，即缺失社会自我管理和自主自治的能力，缺失社会监督和公益性，其极端的表现是整体性的沉默，任由市场与政府来处置社会事务。考察“社会失灵”现象就要研究公民社会的作用或“第三部门”的作用，以及它们在提供公共物品的过程中是如何发挥影响的[1]。在此，讨论社会组织的作用是应对“社会失灵”的关键议题。在我国威权主义的背景下，社会组织在社会治理过程中所起的作用十分有限，其发展困难重重，包括动力不足，缺乏资源无法发动群众等问题，从而导致社会治理的无效[2]。目前，社会团体和公民社会的力量还都十分有限，而且大多数的环保组织没有足够的能力赢得公众对其行动的支持，其结果是各种社会组织在社会管理方面缺乏权威，或者是由于资源不足，从而起不到其所该发挥的作用，从而造成环境治理过程中的“社会（组织）失灵”的现象。

“参与失灵”是指公民或个人在影响社会公共事务方面动力不足，行动能力有限，参与机会很少而导致的对于社会管理进程无法发生有效影响的现象[3]。在环境保护领域，这是指公众没有被有效地组织起来参与到环境保护和治理的工作中，其可以表现为缺乏环境参与的意识、或者不具备相关的专业知识做出判断、缺乏参与渠道等现象[4]。其结果是，公民在环保参与中的积极性不高；只有当他们的环境权益受到侵犯时才会采取抗争性的方式来表达自己的环境诉求。这些现象反映了（或制约了）各个相应的社会行动主体所具有的积极性和主动性，会导致环境治理机制的无效或失序的困境（见表6）。因此，在上述四种失灵的状况中，只有真正解决“参与失灵”这一关键问题，我们才能真正缓解其他三方面的“失灵”现象。

在这个理论概念分析的背景下，我们可以进而讨论嘉兴经验在解决这些问题时所具有的启发意义。在嘉兴环境治理的实践中，针对市场失灵的现象，嘉兴市政府所采取的多种政策手段有利于强化对企业污染的监督，并防止企业排污行为

① 潘左华：《第三部门失灵及其矫治》，载《云南行政学院学报》2005年第7期。

② Wu F. Environmental politics in China：An issue area in review. Journal of Chinese Political Science，2009，14（4）.

③ 胡昊：《治理失灵：挑战公民参与》，载《学会》2006年第10期。

④ 范俊玉：《加强我国环境治理公众参与的必要性及路径选择》，载《安徽农业大学学报（社会科学版）》2011年第5期。

出现的严重后果。这些政策手段包括邀请市民代表介入环境监督的过程，市民代表也可以在环境执法部门、公众媒体和企业的介入下对企业随机点名进行环境抽查，并对执法过程进行跟踪检查（“点单式”执法管理体系），从而有效地对企业的环境行为形成制约[①]。同时，针对在执法检查过程中发现的环保信用不良企业或限期整改不到位的企业，嘉兴市要求这些企业要联名签署面向全市人民的道歉信，并通过新闻媒体向全社会公开（“道歉书”制度），接受社会监督。这些实践有助于解决环境治理中的“市场失灵”现象。

表 6　环境治理机制的失效

市场机制	政府治理	社会力量	公众参与
追求利润的动机 ⇩ 企业环境责任的缺失 治污资源的贫乏 ⇩ 市场失灵	不作为或过度作为 ⇩ 环境治理无效 引发社会问题 ⇩ 政府失灵	社会组织力量薄弱 ⇩ 社会组织乏力 缺乏社会权力/权威 ⇩ 社会失灵	参与意识/渠道缺失 ⇩ 公民无意愿参与 或者抗争性参与 ⇩ 参与失灵

来源：林卡、易龙飞.参与与赋权：环境治理的地方创新，探索与争鸣，2014 年第 11 期。

针对“政府失灵”，嘉兴公众参与的模式也有利于地方政府在环境治理中提高工作成效，驱动政府积极回应社会要求，制约政府在对企业的环境行政监督中避免随意性和主观性，打破“政府失灵”现象。通过公众参与机制的创新，政府、企业、居民三方形成联动机制（“联动化”），形成了各政府部门协作、社会共同参与的工作局面，提高了政府的环境管理的成效。这些联动机制包括政府部门与公众的联动、区域污染防治监督部门的联动、环保基层组织与民众的联动等方面。就政府机构的联动而言，嘉兴市环保部门协同公安、检察院、法院等相关部门参与环保执法的实践，加大了环境治理的力度，消灭环境执法的“死角”地带。这一机制的运作超越了“小环保”的视野，即把环境治理仅仅看成是政府环保部门的责任，也突破了“条块分隔、行业限制”的体制障碍。

同时，这一模式也倡导政府部门与非政府部门的联动。通过与社会组织的联动，嘉兴模式针对政府失灵培育了不同形式的公民团体，包括市民检查团、专家

① 徐建平：《嘉兴市探索环境保护公众参与的实践与思考》，载《新嘉兴》2009 年 6 月 30 日。

服务团、生态文明宣讲团等[1]。这些联动方式可以团结凝聚各类热心环保事业的组织和个人，整合和统筹各领域的环保志愿队伍和民间力量，动员更多的社会成员参与环保服务。这些实践形成民众参与环境治理“大环保”的工作格局[2]，促使嘉兴在环境治理工作中走向新阶段。这种社会各界的联动和政府机构与非政府机构（社会组织、大专院校、绿色社区、绿色企业和热心环保事业的公民等）的合作态势对政府环保部门工作本身也是一个促进。

针对“社会组织”的失灵，嘉兴市环保部门充分发展社会组织的作用来进行环境治理，并成立了嘉兴市环保联合会和志愿者队伍。这些来自于不同工作岗位、具有不同社会阅历的志愿者可以形成工作的合力，有利于环境保护的志愿工作在各个层面顺利开展，也有利于和政府的环境治理工作形成很好的互补。同时，嘉兴市也积极鼓励各种环保组织的发展。市、县两级政府都组建了由社会各界人士及团体参加的环保联合会作为整合社会各方力量及各类环保组织的载体和平台。同时也积极鼓励发展镇（街道）等基层群众性环保组织，要求镇（街道）环保协会吸纳退居二线或离退休且热心环保公益事业的老干部参加并担任社区、村的环保协会的负责人。嘉兴市环保和民政部门也积极支持这些环保活动，支持他们监督各单位环保法律法规和政策措施的贯彻落实，支持他们为维护群众的环境权益诉求而进行的各种努力[3]。

在“参与失灵”方面，嘉兴市在环境决策过程中按照对话协商的原则发展出了“圆桌会”制度，使之成为表达公众利益和诉求的重要渠道。同时，也通过新闻发布会、环境规划评审会、建设项目和“摘帽”企业论证会，行政执法通报会和治理方案恳谈会等方式，给普通市民、环保专家、“两会”代表和新闻媒体进行意见交流、建言献策，形成环境决策的机会。嘉兴市逐渐形成了“陪审员”制度，让普通公众参加环境问题的听证会并发表意见，维护环境决策和环境审判的公平性[4]。嘉兴市也努力探索志愿者和市民的环境保护激励机制，逐步完善了污染举报的奖励优惠政策。

① 沈跃平，李桂生：《嘉兴市统筹城乡生态环境保护的实践与思考》，载《环境经济》2010 年 10 期

② 焦梦：《环境治理公众参与嘉兴模式可向全国推广》，载 http：//www.china.com.cn/news/shehui/2014-04/18/content_32138803.htm，2014 年 4 月 18 日访问。

③ 嘉兴市环保局：《关于鼓励发展群众性环保组织的指导意见》，载 http：//www.jepb.gov.cn/News/7/1c0a0bb8e2e0d0f0363570ff27a4a905c9a2b6b0.html，2010 年 8 月 9 日访问。

④ 潘振华：《公众参与环保之嘉兴经验》，载《观察与思考》2008 年 17 期。

目前，嘉兴市各级政府积极推行优秀环保市民奖励政策。对公众参与污染有奖举报中成绩显著的，或者在重大生态破坏和环境污染事件中有过突出贡献的环保志愿者、普通市民和社会团体等给予记功和嘉奖。通过一系列的评价指标来科学评价市民参与环境保护的绩效，建立了年度优秀市民评选制度，并对评为优秀的市民给予表彰。同时市政府组织还通过评选“优秀环保志愿者”，加大对环境保护先进人物和典型事例的宣传，志愿者激励机制的建立，为嘉兴市破解志愿失灵的困境发挥了积极作用。

2．推进程序民主：进行有效社会管理的途径

要推进公众对环境议题的关注和积极介入，就需要制定参与的规则和相应的规章制度，形成公众参与的平台和渠道，确保公民能够公平的参与到环境决策的过程中，也就是说要确保环境治理的有效性必须依靠程序民主，而公众参与被作为实现程序民主的基本途径，而实际上公众参与的程度和规模也是衡量一个社会政治民主程度的重要尺度[①]。因此，讨论程序民主就要讨论各种利益相关方公平参与的程序、手段和方式，以使他们能够加入到民主议程中，体现在环境治理领域就是要求多方主体能够公平地加入到环境治理的每个环节。

一般上说，环境治理进程包括环境规划和论证、环境审批的听证和评议、行政审批和立项、公示和监督以及项目执行等几个程序。为确保程序民主的推进，一些工业化发达国家在这些环节上都广泛引导公共参与，通过公众讨论、辩论和评议的形式来缓解不同利益群体之间的分歧和冲突，提升环境决策的合理性和正当性[②]。例如英国政府在高铁和高速铁路的环境规划中，积极引导可能受影响的社区民众以及非政府组织、环保人士的参与讨论。在法国，对环境产生明显影响的大型建设项目必须经过“公众讨论”，甚至由全国公众讨论委员会（CNDP）决定是否需要举行公共辩论。辩论方式可以是公民自由参加的会议、网上辩论以及问卷调查，周期通常 4～6 个月。在环境项目评议中如果公众意见与审议机关无法一致的情况，可以通过法院裁决，充分尊重公众在环境决策中的权利[③]。还有些国家

① 吴昕春：《公共选择与公民参与集体行动的动力》，载《安徽大学学报》2002 年第 5 期。
② 王巍：《西方公共行政中的公民参与：经验审思与理论进展》，载《公共行政评论》2010 年第 3 期。
③ 彭峰：《法国公众参与环境保护原则的实施及其对我国的借鉴》，载《环境科学与技术》2009 年第 11 期。

和地区公众可以直接参与环境的决策和审批，例如在香港的环境项目决策中，通过第三方独立机构——香港咨询委员会，邀请不同领域和身份的环评成员来对环境项目进行论证，然后将意见提交环境署长形成决议[①]。这些被邀请的成员包括绿色团体、专家学者、银行人员、商人、工业企业代表等。这些发达国家和地区的实践经验为我国环境治理提供了良好的借鉴和启发。

在我国，最初环境治理的民主实践主要是通过法律法规来就公众参与的程序进行规则设立。在上世纪 70 年代我国就出台了环境保护方面的法律，但全社会对于环境问题的高度关注已经是 90 年代中后期的事。随着环境公共事件的不断发生，公众在自身环境权利方面的诉求越来越强烈。为此，中央政府在环境治理方面相继出台了一系列政策和法规保障公众参与的权利，特别是 2003 年颁布的《环境影响评价法》要求建设单位在报批项目之前必须举行其环境影响的论证会、听证会，或以其他形式征求社会大众的意见。2004 年国务院颁布《全面推进依法行政实施纲要》强调行政决策程序的正当合理性，要求与人民群众利益密切相关的决策事项应当向社会公布，或者通过举行座谈会、听证会、论证会等形式广泛听取意见。此后《环境保护行政许可听证暂行办法》、《环境信息公开办法》要求政府主动公开环境信息，强调公众的环境知情权和参与权。2014 年最新修订的《环境保护法》增加了规划环评、政策环评以及公益诉讼主体等内容的新规定。这些政策法规和规范性文件的颁布提升了我国环境公民权的保障水平和公众参与程序的正义。

通过这些立法努力和政策实践，推进法律政策和实施，便成为检验环境治理成效的关键。环境治理要求立法程序的具体环节不断细化，并强调各主体共同参与，这就把程序民主问题提到了议事日程上来。以上法律法规和地方规章的出台，在很大程度上约束了环境管理机关的行为，其依法行政原则要求政府机构的一切行政行为都必须依法办事，确保人民的基本权利，体现在环境的治理过程中即要求充分维护公众的环境权利，同时要求政府必须寻求法律法规和行政决定的公正性、合法性和权威性[②]。

① 汪劲：《环境影响评价程序之公众参与问题研究——兼论我国〈环境影响评价法〉相关规定的施行》，载《法学评论》2004 年第 2 期。
曹红蕾：《香港环评：公众参与每一个环节》，载《云南信息报》2013 年 7 月 16 日。
② 史玉成，杨红：《论环境保护与公众参与》，载《南京财经大学学报》2003 年第 5 期。

在此，确保程序民主的权利就是如何体现法律公正并确保体系有效运作的一个重要问题。在一些情况下，环境治理问题所造成的冲突和纠纷就是由程序民主问题所引发的。2014年杭州余杭九峰村发生的垃圾焚烧场事件中，起因就是因为规划公示阶段的程序尚未完成就进场施工，同时未能及时回应周边公众的关切，从而导致群体性事件的发生。如果政府注重维护公众参与的程序民主权利，就可以避免一些决策失误，也可以对民众先行告知取得共识而避免纠纷。在当前环境决策中，许多地方由于缺乏公民的参与，民众对于一些对环境污染较大的项目无权过问。当他们的环境利益受到损害时，只能通过各种非常规的方式进行抗争，并导致群体性事件的发生。嘉兴市的“联动化”机制鼓励公众参与区域污染防治监督联动、公众与环保 NGO 以及网上信息的联动等，这种方式对于维护社会稳定，进行有效的社会治理，具有重要的作用。

其次，程序民主还必须搭建多元利益主体的协商平台和参与机制，以引导利益相关方在环境治理进程中的全方位参与。在当前社会结构中，不同群体的经济社会地位使得多元主体之间具有利益差异并存在利益交换和博弈，而环保社会组织可以作为社会的第三方力量或社会利益的代言人来进行调节，使社会各方都能够接受其立场。基于这一原因，西方许多国家都非常重视非政府组织（NGO）在环境治理方面的作用，把它看成是一个各种利益群体介入并讨价还价的过程。为此，在环境治理中，我们也要鼓励社会组织的发展，使他们参与到环境决策进程中，并形成社会权威，使社会各阶层和社会群体都能够接受。

我们可以看到嘉兴模式的一些做法有利于形成一定的机制，从而通过相关程序来确保环境治理的民主性。这些意义可以通过环境规划、环境评议、环境政策执行以及监督等几个环节展示出来（详见图22）。

在环境规划阶段，嘉兴市通过圆桌会搭建了环境治理讨论的公民平等协商的平台，通过召开项目论证会、治理方案恳谈会协商机制，同时由于环境规划的专业性要求引入了技术官员以及相关社会专业人士参与，在增进协商民主的同时也提升了环境治理的科学性。在环境评议阶段，嘉兴市倡导“大环保”理念，强调部门和社会多主体之间的协作并形成一些规则，通过现代媒体手段招募公众评审员，保证公众的代表性，同时对他们进行充分赋权以及通过程序的公开性寻求评议结果能够被更广泛的大众认可。这一机制与“联动化”机制相关联，不仅保证

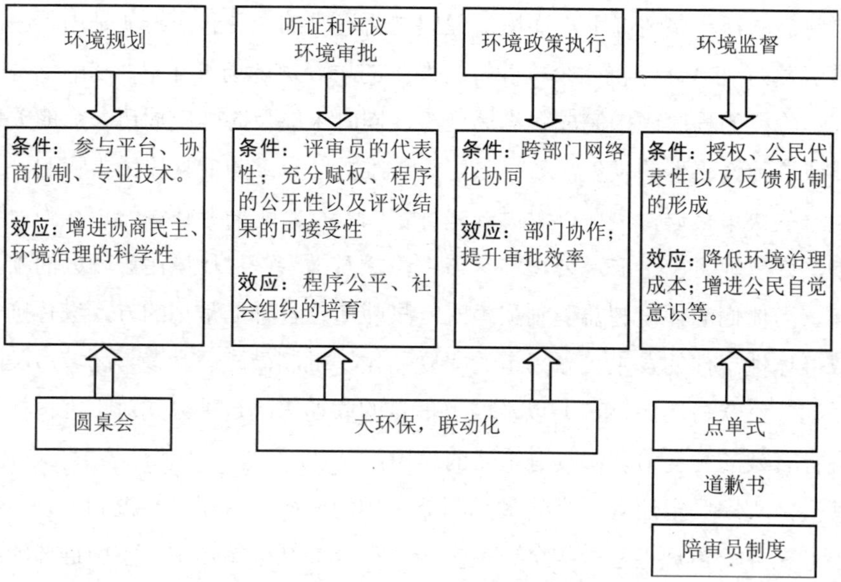

图 22 嘉兴市环境治理的制度条件和效应

了公众参与的程序公正，也在引进社会多元主体参与的过程中培育和支持了社会组织的成长和壮大。在环境政策执行阶段，嘉兴市同样依靠“大环保”理念和部门的联动化，寻求环境保护跨部门网络的协同和信息整合，增进了部门协作，也通过信息共享提升了环境项目审批的效率。它构建了整体化的公共服务网络并增进部门工作的协同能力，这种协同不仅在政府部门内部也在政府部门与社会组织以及公众之间。在对于环境项目的监督环节，市民陪审员机制对公众和社会组织进行了赋权，增进了环境决策的公正性和评议程序的公开性和透明性，而点单式、道歉书以及陪审员制度也强化了公众对环境监督的能力，降低了政府的监督成本，增进了公众的自觉意识，同时也通过其作用的体现提升了公众监督的说服力和可信度。

借用这些理论框架来思考嘉兴模式的做法，我们可以对推进环境协商民主提供一些思路。首先，强调程序公正的意义就要形成按规则办事的意识。我们要把这些规则细化到程序进程中，使每一步的推进都要合乎规则。中国发展环境协商民主的时间不长，目前在环境治理的程序方面还存在着制度建设不足，人治色彩浓厚等问题。特别是在威权主义背景下，公民的自组织性较差，行政的自由裁量权过大，容易出现政府无视公民环境权和利益表达的诉求①。通过对公众参与政府公共决策的程序规范化途径，形成对政府行政权力的约束和监督，有助于政府按照法律法规和行政程序办事，减少决策的任意性和主观性。因此，强调程序公正的意义就是要形成一定的制度规则，并且要把这些规则细化到程序进程中，还必须将一些创新的形式稳定化。只有这样才能从程序上保证决策信息的透明化，以及公民问政机制的形成，保障不同主体的利益表达权利。在此，嘉兴模式目前所具有的一个基本进步就是形成了公众参与过程的相关规章和规则。

赋权是程序民主讨论的第二个重要问题。在程序运作中，当事人和相关方是否有相应的权利，怎样的权利，权利是如何运作的，以及怎样防止权利的滥用，对这些问题的清晰回答是实现程序民主的基本条件。在我国，虽然基本政治制度保障了公民的参与权利，但是对于“谁来参与”、“参与什么”和“怎样参与”均没有相关的规范和条例加以明确规定，致使许多公众参与以非制度化的形式出现②。基于环境治理来说，目前的体制具有较强的政府管制型的特色，过多地强调公民保护环境的义务而忽视了公民的环境权利，因而在具体的环境治理程序的参与过程中往往流于形式③。在嘉兴，对社会组织和公民进行赋权是其模式运作的基本特点。它通过倡导诸如“陪审员”等制度对公众赋权，这种赋权的做法将成为公众参与决策的重大驱动力。

严格执行是程序民主讨论的第三个重要议题。程序民主强调程序的法制化和规范化，一经确立就必须遵照执行，不能仅强调实质民主而缺乏对过程和形式的规范，而实际上程序民主也是走向实质民主的必经过程。在我国的政策实践中，很多时候出于行政管理的原因很多规定只是原则性的，或者简化决策程序，或者规定了相关程序但通常采取灵活的方式进行解释、规避甚至不执行相关规定。比如《环境影响评价法》和《环境信息公开办法》对于环境影响报告书编制程序以及环境信息公开的范围、方式和程序进行了详细的规定，但是许多为建设项目提供环境影响评价委托服务的机构经常弄虚作假，公然违背法律程序规定“出卖”

① 赵娜，孟庆波：《民间社团的发展：协商式威权主义在中国的兴起》，载《国外理论动态》2014 年第 3 期。

② 朱四倍：《不能让百姓有人微言轻的想法》，载《青年报》，2008 年 1 月 3 日。

③ 张力刚，沈晓蕾：《公民环境权的宪法学考察》，载《政治与法律》2002 年第 3 期。

评价证书及公章或与具体的项目方进行“利益输送”[①]。在嘉兴模式中，其通过“点单式”执法和“陪审团”制度赋予公众在环保执法中行使对排污企业抽查的“点名权”和“摘帽权”，并在随后的监管中社会组织要对整改企业进行追踪调查，这些做法强化了法律程序的执行力和实施效率。

程序的制度化是程序民主的第四个议题。程序正义不仅仅是走形式的问题，也需要形成有效的制度。环境治理的决策过程是一个利益交换过程，因而要使各方利益相关者都有可能介入该过程并把它形成相应的制度。为此，嘉兴模式为各类主体的介入提供了各种正式和非正式的参与途径。通过构建公众沟通的渠道来鼓励社会多主体共同参与，从而达成参与各方都能接受的环境决策结果。对于威权主义政府来说，这种民主规则的制定意味着权力的制衡和约束。在嘉兴市，政府通过积极搭建参与平台进行制度建设，通过既定的程序来实现不同社会主体的利益表达。为了规范参与的有序性，嘉兴市还对一些社会组织，如环保市民检查团等制定了相应的章程，提升不同主体参与的规则意识。

程序民主的过程也要求我们把利益相关方都加入到这一进程，使他们具有进行利益交换和博弈的可能性。由于社会组织可以作为社会的中间力量协调各方，它们可以作为社会利益的代言人使社会各方都能够接受其作为社会中介者的立场。为此，我们要大力鼓励社会组织的发展，并形成社会权威使社会各阶层和公众能够接受。在当前环境决策中，许多地方由于缺乏公众的参与，民众对一些对环境影响较大的项目无权过问。当他们的环境利益受到损害时，就有可能通过各种非常规的方式进行抗争，并导致群体性事件的发生。在此，嘉兴市建立的“联动化”机制可以促使不同利益主体联合参与行动，这对于推进程序民主的发展，鼓励公民的介入，维护社会稳定具有重要作用。

3. 建设伙伴关系：建设多元治理的格局

现代社会面临的社会问题的复杂性要求我们构建多元社会治理秩序的新格局来进行社会管理。在中国，社会管理体制随着政府管理体制改革的深入推进而不断向前发展。以往计划经济时代的“管制型政府”正逐渐被市场经济时代的“服

① 杨柳：《深阅读：环评机构竟这样造假》》，载《人民日报》，2013 年 1 月 29 日。
王山山：《封面故事：环评乱象》》，载《中国经济周刊》2014 年第 12 期。

务型政府”取代。随着在市场经济体制下社会结构越来越开放，人们的地域流动和社会流动都在不断地增加，社会越来越多样化，利益格局也越来越多元化。社会需求也在多样化，人们对于生活的要求不断提高，生活方式的多样化也在加大。生活理念的差异也导致人们存在不同的生活态度，并形成与“管制型”社会不同的利益基础。

由此，如何增进政府社会管理的能力和水平正在成为一个亟待解决的严峻课题。面对不断发展的社会现实需要以及日益激烈的全球竞争，政府的工作重点也要逐步的由以 GDP 为导向的经济目标转向注重公共产品的提供和提高服务质量和水平的目标上来。为了实现这些目标，一个基本的前提是动员各类社会主体介入到社会管理的进程中，建立“共识政治”并致力于共同社会目标的达成。这种理念可以通过“多元社会治理”的理念来表达。在这一理念中，其基本内涵包含了两个基本假设，一是社会治理的主体是多元的。除了政府承担主导者的作用以外，其他各种社会主体（非营利组织、市场化组织、慈善组织、公民团体等）也要被视为社会治理的重要主体；二是社会治理的手段是多元复合的。这些手段可以是公共产品和服务的提供（依靠政府的行政手段和财政手段），也可以依靠市场化的组织和运作来提供，还可以通过非营利组织的社会动员机制来提供①。

倡导社会治理多元主体的治理模式与我们关注的社会治理机制建设密切相关。它可以为我们形成有效的社会治理奠定了坚实的基础。就环境治理来说，发展社会治理多元主体的治理模式就需要调动社会各方的积极参与。在该过程中，光靠政府机构或者公众个人的力量来对环境污染进行监督是十分困难的。政府机构的能力十分有限，它对于环境问题的监督也不是无所不在、无所不能的。环境事务的涉及面往往十分广泛、牵扯的利益冲突也纷繁复杂，这就导致政府在应对许多环境事务时显得力不从心。从另一方面看，公民往往由于个人阅历、知识背景的限制和专业技能的缺乏而无法进行专业判断，限制了其作为社会多元主体的一方参与环境治理的水平和能力。同时，由于环境治理属于社会公共事务，公民个人也未必具有很强的动机和公共精神介入各种环境事务中去。

① 孙晓莉：《多元社会治理模式探析》，载《理论导刊》2005 年第 5 期。

因此，我们需要在政府和公民个人之间通过社会组织来沟通双方，使之成为第三方中间力量，赋予它们在环境治理中的重要地位。当然，在目前的威权主义的背景下，社会组织发展的空间很小，也面临着许多问题和困境。目前中国环保NGO与政府间关系的现状是一种“政府主导型”格局。这一格局的特点是以政府对这些社会组织的支持为主中立和抑制为辅，而社会组织本身所具有的自主性和独立性较弱。影响这一格局的因素既有来自于经济社会环境变化等宏观方面，也有来自于环保 NGO 自身发展的阶段性变化等微观方面[①]。基于这样的现状，形成了以政府主导的“一会三团一中心”（即嘉兴市环保联合会、环保市民检查团、专家服务团、生态文明宣讲团、环境权益维护中心），探索出一条通过社会组织的力量来进行社会治理的道路。在嘉兴模式下，环境治理不是简单的政府管理行为，而是多元社会治理主体在以政府为核心的治理体系下实现相互协调的过程。

当然，嘉兴的多元社会治理的模式之所以能够建立的原因就在于政府与社会组织之间建成了密切的伙伴关系。在这一进程的推进中，嘉兴市各级环保部门不断加强对嘉兴市环保及其各地分支机构的支持，给予资金和人力资源的支持，使该机构能够具有相对独立的运作基础。这些社会组织与政府组织、其他社会组织、研究机构和社区组织形成伙伴关系，有利于彼此进行有效的沟通和信息交流，也使得政府的环境管理工作能够得到民间组织的有效支持。这些实践活动使嘉兴市在环境治理中构建了政府、社会组织等多元合作环境治理结构。

同时，政府部门与公民团体之间的相互信任和相互尊重也是建立合作关系的重要前提。以往研究认为，中国目前的社会团体与政府管理机构的信任关系是十分脆弱的，其原因也是多方面的：一方面是政府组织对社会组织能力和作用的怀疑，另一方面非政府组织对政府组织的信任也因为时常发生的政府短期行为和班子变动而减弱[②]，而且由于政府与非政府组织之间的关系时常缺乏规章来进行规范，使两者的信任关系容易受损。要解决这些问题，政府与非政府组织在合作中建立起信任和相互尊重的基础就至关重要。同时，政府组织不能把非政府组织作为附庸，而非政府组织也要具有一定的能力保持相对独立性以便

① 郇庆治：《环境非政府组织与政府的关系：以自然之友为例》，载《江海学刊》2008 年第 2 期。
② 周俊：《政府与社会组织关系多元化的制度成因分析》，载《政治学研究》2014 年第 5 期。

获得平等的地位和相互尊重的基础。在此我们可以援引阿恩斯坦的公众参与阶梯理论，从这一理论来观察，中国公众参与的形式可以归为“操纵，通知和咨询”等途径[①]。通过这些方式来进行环境治理，非政府组织不可避免地会处于政府部门的附庸地位。这就部分地解释了人们为何把中国的环境治理常常看做是过多依赖政府推动，而社会组织在此过程中只是被动地接收信息而缺乏对项目的发言权的原因。

然而在嘉兴市，政府与非政府组织在许多场合中相互支持互相尊重。政府官员可以陪同市民环保检查团成员实地考察有关项目的建设情况，双方也能够在一些争议问题上做到意见的理智沟通和表达，也通过协同的环境治理行动来增进政府部门对市民环保检查团的信任。例如在针对污染企业的处理意见时，政府尊重每一位检查团成员的意见表达权和投票权，并在每次听证会举行投票之前，每位参与成员都有充足的时间和自由表达自己的观点。而且在无记名投票结束后，环保局官员立即进行计票工作并在第一时间公布计票结果，宣布基于民主投票而做出的行政决定[②]。这使得每位检查团成员的意见能够得到充分尊重并通过授予自由投票权来影响环境决策。

据此，嘉兴模式的研究给我们的启发是，在推进公众参与环境治理的相关问题上，政府要大力培育社会组织的发展，强化社会组织的能力，并使其发展“社会权威”的力量。要建立社会组织“孵化器”，并给予资金和人力的支持，促使各种环境保护的民间组织逐渐地壮大。同时，也要大力培育社会组织所具有的自主性、独立性以及作为社会公共利益“代言人”的社会权威。它要求政府环境保护工作机制要从管理到治理的转变，强化环境治理的能力现代化，尽可能地把一些能够由社会组织做的工作交由社会组织承担，发挥社会组织参与环境治理的主体作用，并实现公共管理方式由单向度的政府管理转向社会多元治理。

① 李万新：《公众参与环境决策的方法与实践》，《中欧环境治理项目政策与实践对比研究报告（五）》，载中国环保网：http：//www.chinaenvironment.com/View/ViewNews.aspx？k=20131206150213937，2013-12-06访问。

② 朱海伦：《社会民间组织参与基层行政民主决策研究：以嘉兴市环保市民检查团为例》，载《嘉兴学院学报》2010 年第 1 期。

第二节　成效分析

1. 公共管理：提高环境执法的有效性

作为对嘉兴环境治理公众参与模式管理成效的评估，在本节中我们将从公共管理、社会管理和技术管理三方面来展开。从公共管理的视角考察嘉兴的环境治理，主要集中于政府环境监管工作的成效，我们可以考察该模式的采用是否有利于提高政府的工作效率、提升环境执法的有效性以及确保公共秩序和防范环境污染事件的发生。近些年来，随着政府对环境工作的重视和环境整治力度的加大，嘉兴市环保部门也加大了环境执法力度。这些执法工作包括对污染设施的现场执法检查，收集环节和处置，对重点污染单位的检查，特别是对小型排污单位的检查，提高处罚力度加大排污单位环境违法的成本，强化行政处罚的执行力等等。在这些日常的环境执法工作中，嘉兴模式的推行形成了一种很好的社会氛围，有助于这些工作的展开。例如 2010 年以来，嘉兴市构建了环保联动监管体系，严惩违法排污行为，出动执法人员 5 万多人次、检查企业 2 万余厂次，查处环境违法案件 1 190 件[①]。

此外，市民环保检查团的机制运作也对于环境执法具有积极的作用。检查团中的市民代表可以对企业污染进行直观的实地考察，评定企业的环保状况或对企业环保“摘帽”产生影响。这些决定可以影响到企业的运营、银行贷款、公共形象、品牌建设等，因而对许多污染企业具有威慑力。另一方面，依托市环保联合会成立的生态文明讲师团、专家服务团，也深入企业、社区、学校进行宣讲，为企业提供技术咨询，提高环保治理的成效。因而，这些活动对提高环境保护绩效具有积极影响。

当然，从近几年的行政处罚案件中我们仍然看到，部分重点监管企业几乎每年都有处罚，有的即便是一年有数次处罚（含嘉兴市环保局和省环保厅），其状况仍然未能得到根本性的改进。有的企业能拖则拖、存在等待观望思想。为了加大

① 浙江环境保护网：《嘉兴市环境执法力度创历史新高》，载 http：//www.fuzha.com/zjhb/2010/1114/1135.html，2010 年 11 月 14 日访问。

环境执法的力度，嘉兴市设立了企业环保义务监督员制度。对检查中发现的问题，环保义务监督员可以及时报告政府相关部门，相关单位在接到报告后会立即派员进行现场核查处理，并将处理结果及时反馈义务监督员。这一制度在保证公民环境参与权和知情权的同时也极大地促进了企业提高自主守法的水平和能力。此外，嘉兴市也推行环境信息公开，设立企业年度环境通报制度，公开环境违法重点案件的查处情况，，每年对企业遵守环保法律及违法情况进行总结评价，并予以通报。

另外，环境执法进程也需要有公众的参与。目前，嘉兴市环保部门在加大执法力度的同时辅之以社会动员的方面和手段。例如环保部门在全市开展生态建设和环境保护工作宣传，借助政府工作会议和社会事件举办大型环保宣传活动，通过“两台一报一网”在全市进行宣传，形成大生态理念。通过编制环境内参、环保要情等形式发送市级领导及各部门，推动部门联动机制，如环保联席会议、部门联合执法等加大执法力度。组建环保专家评审团、市民环保检查团、环保法律法规宣讲团，吸引公众参与环保、支持环保、关心环保、监督工作推进的公众参与机制。这些努力都表明嘉兴市政府致力于把环境管理事务由以往单向度的政府管理方式转向与社会组织和公众一起进行的协同治理。

在对于公众和社会组织参与环境治理进程的鼓励政策方面，嘉兴市政府使用生态市建设财政专项资金、环保专项治理资金和社团各项赞助资金，支持有关公众参与的社团活动。这些资金也用于支持公众参与环保学习、工作和污染监督活动，完善污染举报奖励优惠政策，对参与污染有奖举报中成绩显著者按照规定予以奖励；对在与重大生态破坏和环境污染违法事件斗争中的有功者给予嘉奖。同时，实施优秀环保市民奖励政策，科学评价市民参与环境保护绩效，建立评选年度优秀环保市民制度，在全市“六、五”世界环境日大会上表彰年度环保市民[①]。这些措施都有助于提升政府环境执法的力度，并获得社会的广泛支持。

2. 社会管理：环境教育、利益平衡与社会稳定

环境治理的问题也是社会治理的重要问题，因为环境问题如果处理得不好就会激发社会矛盾，从而构成现实的政治压力。处理好这些问题需要强化环境教育，

① 章剑，邱再青，徐建平：《构建监督平台 保障公众广泛参与环保》，载 http://www.eedu.org.cn/news/envir/eview/200906/37053.html，2009 年 6 月 30 日访问。

使人们以理性的态度来对应对环境问题，也需要调整各方的利益关系，包括个人利益、群体利益和地区利益，局部利益和整体利益，处理好环境保护与公民维权的关系。当前，我们正处在经济社会敏感期、社会矛盾激发期和环境问题的高发期。各级政府不仅在环境治理方面面临很大的社会压力，在社会管理方面也面临着压力。

以浙江省为例，近年来由环境问题引发的群体性事件不断发生。在此，2001年发生的东阳画溪镇的群体性事件在全国都引起了重视。最近，浙江省又连续发生了多起饮用水源污染和危险废物事件，2014年上半年更是发生了余杭九峰垃圾焚烧厂选址事件。这些问题常常引发民众的不满情绪。在嘉兴市，民众的环境不满情绪也十分强烈。根据调查资料，2013年嘉兴市生态环境质量公众满意度的综合得分为54.11分，只有78.1%的受访者总体上满意当前的生态环境状况。具体地说，他们对本地空气质量的满意率为68.2%，对本地水环境的满意率为53.1%，对本地声环境的满意率为76.7%。

然而，随着嘉兴模式的推进，以上调查所反映出的社会公众对于环境并不满意的状况并没有形成社会事件的压力，因为人们对于政府在环境整治方面所做的努力基本认可①。由此，嘉兴模式形成官民对话的制度性渠道，对于缓解可能由环境问题引发的社会冲突的压力具有一定的积极作用。这些作用可以通过以下几个方面进行阐发。首先，环境信息的公开化、透明化，能对民众的疑问给予及时解答。在居民调查中一些受访者认为，许多在环境问题上所引起的矛盾是由于情况的不了解造成的，也有些情况是由于信访信息缺乏而形成的误解。而嘉兴模式中参与的社会组织在进行环境宣传和环境教育方面工作能够对此起到积极的影响。它们扩大了公众参与环境保护的途径，通过倡导“绿色消费”、创建培育“绿色学校”、“绿色社区”和“生态文明村”等方式，动员社会各界广泛参与，推动了区域自治和公众行为规范。

其次，我们也要看到公民对环境问题的看法不仅仅取决于环境知识和环境意识，更取决于利益诉求。在有些情况下，公民对环境治理问题的参与往往是基于非理性的甚至是不合法的利益诉求，这种形式的公众参与对达成环境治理的共识并不具有建设性的意义。此外，并不是所有的环境治理项目都需要社会公众的广

① 朱政：《2013年嘉兴市生态环境质量公众满意度调查结果出炉》，载《南湖晚报》，2013年11月26日。

泛参与，因此倡导公民的适度参与是十分重要的。从参与主体、参与范围和参与个案来看，适度参与包括参与对象的代表性、参与内容的广泛性和参与项目的深度性，三者构成了公众参与的理想程度关系。在嘉兴模式，自上而下建立起来的社会组织是官民互动的中介平台，这种组织形式的运作对于推进公民的有序适度参与具有积极意义。

第三，由于老百姓们处在不同的立场，对企业污染治理也有很多不同的看法，如何汇集这些思想并达成共识就成为公众参与的魅力所在，其也能够为新的政策制定和方法实施提供思路。要凝聚社会的共识就需要引导社会公众提出理性的诉求，并在此基础上形成理性的社会空间来包容多元利益。由此，我们要避免公众意见由个别利益所驱动，还要顾及到集体利益、社区利益和社会的公共利益。政府可以通过政策手段和舆论手段去进行引导，使公众可以把群体利益和社区利益与社会整体或者是公共利益联系起来以便作出判断。此外，还要为进行利益沟通和利益博弈创造有效的机制和平台，并最终达成各方都可接受的结果。

第四，要创新社会治理的手段，发展社会组织是形成社会权威进而实现有效治理的基本途径。对于企业污染的行为，老百姓产生一些畏惧和反抗情绪都在所难免，他们也会采取举报上访甚至是抗议游行等方式来向政府施加压力，他们希望这些环境问题尽早得到治理和解决。从另一方面看，企业基于对社会声誉的考虑也会回应媒体的舆论压力，从而在环境保护方面对社区居民妥协。政府和社会组织要注重向市民及时传递相关理念和信息，如建立官方微博、微信平台来发布网络舆情等，让公众知道政府为环保做了什么，增进公众对于政府环保工作的了解。为此，我们要鼓励社会组织去发展其影响力对老百姓的参与诉求要及时予以回应并给出切实的解决方案，树立社会组织负责任的公共形象，赢得社会的信任并逐步树立社会的权威，以便引导社会舆论。

因此我们可以看到，嘉兴模式的运作对缓解地方政府所面临的环境压力和由环境问题引发的群体性事件方面能够有重要价值。它有助于我们处理好环境监督与环境服务、环境宣教与利益协调，社会创新与公众参与之间的关系，营造正确舆论导向，为繁荣环境生态文化的发展夯实基础。

3. 技术管理：专业标准还是公众参与驱动

在环境决策方面，一直存在着是依据技术导向还是民主决策机制两者之间的争论。环境决策要具有科学性需要有技术手段的支持和帮助。要按照质量标准、监测体系来科学计算环境成本和效益，也需要听取业内专家和技术监督部门的意见来综合做出决策，并按照法律法规和行政条例来进行环境执法活动[①]。因此，我们要发展技术手段、立法手段和管理手段来进行环境治理，例如设立环境监测站，在企业设立环境监管员，在标准的设立上制定环保标准和规范。从实际情况来看，近年来环保部门不断改进技术手段，在技术监督和管理方面都取得了十分显著的成效。例如在许多地方已经实现了对重点污染源安装自动控制系统，将排污许可和总量控制纳入自动控制范围，实现数字化自动监控。在对于污染企业的管理中，强化对排污企业的全天候跟踪管理，设立污染治理设施的长期稳定达标机制，出台各种环保制度和治污措施来进行管理，并鼓励通过技术手段发展绿色经济，采取新能源，生产节能环保产品。

然而这种沿着技术路线所展开的环境治理也具有它所存在的问题。尽管随着技术手段的提升我们可以实现 24 小时监控系统多级联网，但由于人力物力财力的限制，目前我们所能达到的只能是对重点企业有监控，而对于许多分散的、小型企业的监控覆盖面则不是很广。特别是对于地处偏远农村的大量乡镇企业来讲，由于现有技术条件和经费预算的限制还无法做到实时监控，这必然会导致政府在进行环境信息监控时出现信息不对称或监控薄弱等问题，而且要使用这些专业的监控设备就需要增加对专业技术人才的需求和相应的软硬件支持，但目前在环保方面的监控专业人员和技术人员都十分缺乏，难以满足广泛的社会需求。

另外，我们也面临着管理成本高和非技术性漏洞所造成的问题。由于信息获取成本过于昂贵，政府也难以了解真实的污染排放量和环境治理情况，而且由于企业环境影响有关数据由不同政府部门掌管，各行政管理体系之间的信息也常常无法共享、缺乏交流和管理成本高。同时，由于下级部门的环境管理行为和决策

① 姜维国：《环境决策技术评价方法研究述评》，载《环境科学与管理》2013 年第 12 期。赵杰：《公众参与：决策环境、观念与模式的变革——兼论决策科学化民主化的八个问题》，载《中共石家庄市委党校学报》2005 年第 2 期。

会受到上级部门的制约，这就导致政府部门在案件处理和环境决策方面，都会不同程度地受到行政官僚作风和地方政府施政导向的影响。在现行的行政管理体制中，环境管理各个机构之间职责重叠、各个行政环节之间也明显存在脱节现象，而多头管理也会导致效率低下、互相推诿和扯皮等现象的发生[①]。同时在政府各个部门中，环境保护部门和其他部门的意见往往会存在着一定的矛盾和冲突，从而使部门之间的协调因素会影响到环境决策的客观性和科学性。尽管从法律的角度说，地方环境保护部门要承担监督和管理当地的环境事务的责任，但在实际操作中环保部门常常负不起这一责任，难以监管其他行政部门并进行统一协调和监管。

公众参与环境监测则采取的是另一条路径[②]。尽管参与环境决策过程的公众未必具有丰富的环保知识，而且其所提出的意见未必科学合理或者符合科学的规范，但在社会效果上则常常是介入环境治理过程中的社会各方所能够接受的。以公共参与为例，许多居民本身如果没有专业的知识背景，也很难对一些专业性的问题起到监督效果，但他们的意见和见解可以反映公众的基本利益。例如，对社区中空气质量的监测，当地居民未必知道如何读取数据，也并不了解监测站的分布，但他们对于空气污染有着最为直观的感受，当他们感知到社区的空气质量较为恶劣时，他们会向环境保护部门反映并询问相关情况，使环保部门可以进行全方位无死角的环境监控。

由此，我们有必要把环境专业监控和公众参与两条路径的长处相结合，建立环境监督的有效网络。要形成这一机制我们需要：1）把建立远程监控和基层预防相结合的机制，基层预防机制工作能够有效开展的前提条件是公民的充分参与；2）把企业的环境监督员制度和社区公众的环境监测相结合。企业环境监督员将密切产关注环境指数和指标，并对企业污染物的减排实行监控；社区公众的监督者对当地的环境条件进行监控，从而以公众参与的途径来弥补技术监控的短处，并形成相应的社会压力；3）通过技术专家，环境保护部门和社会组织的共同努力来形成环境保护的预警机制，以避免当地发生环境突发事件和与环境相关的群体性事件；4）实施环境信访办理的 A、B、C 分级管理，对群众

① 武从斌：《减少部门条块分割，形成协助制度——试论我国环境管理体制的改善》，载《行政与法》2003年第4期。

② 范圣楠：《推进公众参与环境监测》，载《农业与技术》2012年第5期。

的来电来信反映的环境问题实行分级管理，有效处置。对热点问题和重点信访实施预警，从而强化环境执法的深度、广度。这些措施可以避免使环境治理成为环保部门一家之事。

第三节　发展导向

1. 机制建设和体系可持续性

要推进嘉兴模式的进一步发展，就要完善环境治理的制度设置和机制建设。环境治理的决策过程是一个利益交换过程，为了规范参与的有序性，我们也要注重规则的民主，充分地利用既定的程序来实现不同社会主体的利益表达，并通过协商和博弈来达成共赢的效果。在嘉兴模式的下一步的发展中，要在提升质量方面做文章，进一步完善制度建设，形成可持续的机制，把嘉兴市公众参与环境治理的实践制度化。目前嘉兴模式已经创新了一系列的做法，并通过程序的确立来确保环境治理的民主性。例如嘉兴市对一些社会组织如环保检查团等制定了相应的章程，这些规则有利于规避公众参与的盲区。在未来的发展中，嘉兴模式的发展要进一步完善圆桌会制度、公民陪审团制度、点单式执法的环境监控制度，强化社会组织在环境治理中所具有的权利。这些制度是嘉兴模式的基本内容，有助于社会组织和公众在此过程中发挥作用。

在嘉兴模式形成之初，其核心任务就是如何使社会组织和公众参与进来形成共同治理的平台。这个由各方共同搭建的互动平台在嘉兴市环境治理的制度建设中发挥了十分积极的作用。在我们的调研中，当地环保部门谈到，这个互动平台的建设使许多原本不怎么关心环保问题的公众能够参与进来，唤醒他们的环保意识，并且形成了交流平台和工作团队。以前一些要靠环保监管部门来做的难度较大的环境决策问题，现在通过公众参与的平台得到了顺利的解决。

与此同时，要强化平台建设，在政府与非政府组织之间搭起有效沟通的桥梁。因此，在嘉兴环境协商民主发展的现阶段，其目标和任务与其起步阶段应该有所不同。在当时，政府的基本理念是简单的，即通过构建公众沟通的渠道，鼓励社会多主体共同参与，从而使环境决策的结果大家都能接受。当这一过程发展到今天，公众参与的机制逐渐形成，人们期望社会组织能够发展壮大并起到重要作用。在对这些制度进行总结的基础上，人们开始思考更为深层次的问题，如制度建设的内容如何打破停留在意见咨询的局限上而给予参与各方更大的决策权；如何通过参与各方的有效沟通来形成共同决策的机制等问题，如何提高公民在公共事务中的主动性和自觉性以及公民民主程序意识的训练等等。通过这些年的实践，①。嘉兴市环保联合会充分意识到推进公众参与环境治理进程所面临的主要困难不是在于缺乏观念导引和政策性指导，而是在于缺乏切实的制度建构，并实现其所具有的制度发展潜能。

2. 公众参与机制的社会基础建设

环境治理的公众参与问题存在着两个极端，一方面，在环境公益事业领域中公民的参与率实际上还是比较低；但另一方面，公民的环境利益诉求却在不断地增加。人们的环境意识在不断增强，但相应的社会组织力量发展缓慢。在此，人们以往常常把原因归咎到非政府组织的“双重管理”体制上②。一些人强调，我国现在的环保 NGO 登记制度门槛过高，因为它们常常不能够满足 50 个以上的个人和 30 个以上的单位会员以及相应的资金要求。由于在许多情况下，非政府组织要找一个业务主管单位才能在民政部门登记的规定，这使一些小型的环保非政府组织无法登记③，

然而，这种状况目前已经发生了变化。近年来许多省份都变通或修改了《社会团体登记管理条例》，以便有利于社会组织能够直接登记。2014 年，浙江省民政厅也下发了《浙江省民政厅关于社会团体登记管理制度改革的试行意见》，取消了对全省性社会团体筹备成立的审批，对全省性社会团体分支机构、代表机构设立登记、变更登记和注销登记的行政审批，宽松了社会团体的发展环境④。这些变化表明政府为社会组织成长提供了越来越宽松的环境，并为推进社会组织的发展提供条件。但是，迄今为止，民间环保组织的发展还十分有限。作为结果，中国

① 章秀英，万斌：《论公民意识对推进民主政治发展的重要作用》，载《学习与探索》2010 年第 3 期。

② 孙志祥：《“双重管理”体制下的民间组织：以三个民间环保组织为例》，载《中国软科学》2001 年第 7 期。

③ 林丽英：《当前我国环境 NGO 的发展环境研究》，载《中国环境管理》2004 年第 4 期。

④ 浙江省民政厅:《浙江省民政厅关于社会团体登记管理制度改革的试行意见》，载 http://www.zj.gov.cn/art/2014/4/11/art_13815_143241.html，2014 年 4 月 11 日访问。

环境保护运动迄今为止主要由政府部门沿着自上而下的路径进行推进。尽管这一路径在环境治理中的优势十分明显，但在中国行政主导体制的社会传统中，我们要看到来自于民间的驱动力十分脆弱。

嘉兴的环境治理模式的建立是由政府主导下达成的，但这种推进也面临着种种问题：一是社会组织的自主性难以建立起来，社会组织自身驱动力不足；二是来自于政府的经费支持也不稳定，可持续性方面存在一定的问题；三是社会组织的公信力问题。随着这一模式的发展，嘉兴模式在发动群众方面已经取得了很大的成功。在环境执法监管方面中，公众已经能够通过在线宣传平台来实现参与，其参与内容正逐步向源头监管延伸。对此，在调研中嘉兴环保局的工作人员告知，现在我们的志愿者遍布在工厂企业的周边，公众发现问题随时跟我们反映，大大提高了环保监管的效力。当然在社会基础上，公众参与监督的能力还比较低，对于环境信息了解的还不是很多，公众参与的渠道也不是很畅通，导致了公众参与环境保护仅仅局限在一定的范围内。目前，嘉兴市环保联合会以及志愿者的成员构成还不够多元化，尚以机关事业单位的退休人员为主。

在下一步的发展中，这一模式要强化社会基础方面的积极工作。由于目前嘉兴环保社会组织并不缺乏来自政府的支持，因而强化与各种社会主体的联系和合作就成为关键因素。在此，政府所发布的一系列政策有利于这种导向的发展。例如国家环境保护总局出台的《环境影响评价公众参与暂行办法》，嘉兴市先后出台了若干政策文件，大力倡导环境保护领域中的公众参与。目前的困境来自于两方面：一是公众环境公益意识的强弱和专业知识的多寡，二是参与的赋权强弱。

对于前者来说，目前的发展是十分明显的。公众参与的网络平台活动成为民众环境教育的来源之一[①]。通过这个平台人们可以了解企业、政府在做什么，也通过参与明白了自己应该怎么做，这些做法为倡导公民环境参与导向提供了条件。对于后者，嘉兴经验告诉我们要提高环境参与的有效性的关键在赋权。只有通过赋权才能形成公民良好的自我意识，同时也意味着在与环境的关系中得到关键性能力以及为社会、政治行动培育个人与集体资源的要素[②]。因为参与能够帮助人们

① 张小罗：《网络媒体：公众参与的新平台》，载《太平洋学报》2009 年第 7 期。
② 姚进忠，巨东红：《立体赋权：农村留守儿童社会支持网络的建构》，载《当代青年研究》2012 年第 12 期。

提升社会权利和认知权利，因而被当成赋权的主要途径[①]。为此，嘉兴市政府在环境规划、审议、行政审批和监督等所有程序环节上强调公民的全程参与，并且不断推进更大范围的公众参与，通过将政府原有的权力向公民转授，或增进公民在环境决策中的咨询和审议权，提升了公众参与的意愿，有力地推进了环境参与的程序公平。

同时，公民的赋权能够提高公民进行参与的积极性，有助于公民进行理性的参与。在公民进行赋权之前，他们对于环境问题的抱怨很可能并不了解实际情况，也未必在可操作性的层面上思考如何改进问题。在对公民赋权之后，人们可以在参与过程中了解实际情况，在可操作的层面上来思考对于问题的解决办法，从而使消极的批评转向积极的改进。这种立脚点发生变化的原因在于对公民进行积极的赋权，改变了他们在参与过程中的看法和所起的作用。正如当地的环境教育工作者所说，如何吸引更多的人参与进来，而且是有序合理的参与进来，而不是为了赔一点钱就胡闹，这是一个值得思考的问题。因此，市民的参与意识不仅仅与市民的环保意识强弱和公众的素养问题有关，也在于他们的赋权状况如何。

因此，嘉兴模式的经验表明，环境协商民主的推进是一个自上而下和自下而上的各种方法互动和共同参与的过程。赋权是自上而下的手段，而信息透明和环境教育是致力于开发民智的自下而上的措施。只有这样才能提高征求公众意见的成效，扩大其范围和力度，满足群众理性的诉求。对此，我们在对嘉兴市环保联合会的调研中得到了很有见解的论述：民间公众参与的有效性与政府的监管是相互作用的两个变量。公众参与的程度高了，政府的监管行为就变得非常的透明和公开。这样我们就可以看到一个公开的政府以及一个绿色的经济。在这种理想的状况下，我们既可以提高公众的参与性，提高公民本身的素质和公德心，也可以在体制层面形成一些新的突破。

3. 发展社会对话：环境矛盾与利益协调

经济发展与环境保护的矛盾是一个国家在走工业发展的道路时不可避免地会遇到的问题。在我国的工业化进程中，长期的粗放型增长方式已经给环境保护造成了严重的压力。近年来，与环境污染问题相关的群体性事件频频发生，这表明

① 林卡：《社会质量理论：研究和谐社会建设的新视角》，载《中国人民大学学报》2010年第2期。

环境污染所造成的矛盾已经成为影响社会稳定的因素。因此，如何有效地协调政府、企业、社区之间的关系，形成良好的环境监督和预防机制，是亟须妥善解决的问题。经济发展与环境的矛盾对区域发展和老百姓的民生问题也十分关键[①]。城市发展需要工业建设和企业发展，但在许多情况下所引进当地的工业企业也会带来一些污染问题。同时，这一污染问题也会对老百姓的民生状况产生影响。例如反映当地房价受污染企业的影响非常大；但另一方面，企业的引进对当地经济发展和解决就业问题则具有积极的影响。

对于环境与经济发展这对矛盾，人们由于所处的立场不同对问题的看法和判断也不一致。居民对企业污染的基本看法是希望企业能减少污染，污染企业要搬迁，地方政府抓环保的力度要增大，污染企业偷排现象一定要尽可能地减少。在对于排污企业的升级改造中，嘉兴市政府要求企业加大投入进行改造。为了应对这些要求，嘉兴市近年来加强环保相关标准的确立，也在其招商引资时严格控制污染企业的进入。而事实上，嘉兴市重点污染企业在技术设备上的投入力度已经很大。尽管如此，许多居民仍旧认为，企业的管理制度再健全、设备再先进也会有污染的，因而治本之法就是把厂搬掉。虽然嘉兴市政府已经使许多污染企业搬出嘉兴市，但一些早年已经引进的大型企业已在嘉兴扎根，给嘉兴的环境带来很大影响。简单的搬迁仍然不能在根本上解决问题。

与此同时，人们也看到问题的另一方面，即这些企业创造了大量税收，带动了嘉兴的经济发展，，一旦这些企业搬走，对当地经济发生怎样的影响也很难说得清。这使当地居民处在一种矛盾的心态中难以取舍。在我们对于嘉兴的调查中，一些居民反映如果没有招商引资，政府也没有钱发展当地经济建设中的各种项目，居民就会认为政府没做实事，但一旦招商引资多了，经济发展状况是好了，但也不可避免地会产生一些环境污染问题。因此，经济发展和环境之间的关系错综复杂，不是“禁”字可以简单解决的。他们说道：“不管迁到哪里都还是在污染啊，这个没办法的。都赶去乡下，接下来乡下又会变成污染严重的地方，现在也有很多变成直排深海了，时间一长海水也是要被污染的。而且要搬迁，必须投入大量资金，政府财政很大程度上依赖于一些企业的税收。现在政府也没办法，让工厂一下全迁出去也不可能，只能搬得更远一点”。

① 李萍：《环境群体性事件的特点与应对》，载《探求》2010 年第 5 期。

针对这一困境，政府从社会管理和公共政策的视角看，需要建立起居民与企业的对话机制，或者邀请双方介入政府的决策过程中展开对话，才能找到各方都可以接受的解决方法。环境污染问题是产业技术和经济发展问题，也是管理决策和社会决策的问题，更是各个利益群体的利益协调问题。在这些方面，公众参与机制的建设是一个有效的途径，这一机制的建设可以促使政府、企业、公众三方主体在互动中建立相互信任以共同发展，使企业发展得更好。公众参与也可以使企业听到社会的声音，不仅仅是个别人的而是社会群体的声音。参与各方的对话是有针对性有话语权的对话而不再是杂乱分散的诉求。例如在嘉兴模式中，发挥“一会三团一个中心”组织作用就可以强化这种对话的作用。通过公众参与的对话机制，能使各方的诉求更为理性和科学。

毋庸否认，环境治理进程的参与各方由于利益的不同和所占据地位的差异，各方对问题的看法和想法会是不一样的。只有通过公众参与形成集体对话的机制才能形成有效的决策，兼顾各方的利益，使各利益相关者建立一种平等相互尊重的伙伴关系[①]。只有在互相尊重、互相平等的伙伴关系基础上，参与各方才能达成理性的解决办法。由于企业和公众在客观上存在着利益矛盾，我们要力争使环境对话具有科学性和可行性。这些问题解决不好会伤害公共利益或企业利益。在我们的访谈中，时常听到一些企业主的抱怨，认为居民的要求非理性，没有道理，无法接受。因此在社会信任基础上以科学精神为依据来进行社会对话，是解决许多社会矛盾和环境矛盾的途径。

此外，环境保护作为一个社会系统工程，也需要社会各方参与者的共同行动。公众、媒体、政府部门和企业需要多方面的配合，通过制度的方式参与到互动和对话进程中来。通过公众参与的机制来进行利益博弈，才能够得出各方都能够接受的结果。在此过程中，介入的各方会提出不同的诉求和想法，通过协商各方可以得到最可接受的方案和最可行的方案，有利于缓解由环境问题而触发的社会不稳定现象。同时，只有通过互动协商和讨论才能形成对问题的共识。为达此目的，我们也要大力发展环境教育，使公众更多地了解环境保护的知识，以提升环境治理的科学性。这能够在两方面对公众参与形成积极的影响：一是使民众提出的要求更为理性，更为合理，更具有建设性；二是提升公众的参与热情。在调研中发

① 黄栋，匡立余：《利益相关者与城市生态环境的共同治理》，载《中国行政管理》2006年第8期。

现，公众也会具有环境意识不强和参与能力不足的情况。环境宣传教育能够增强公众的环保知识，以及环境法律法规知识和公众参与所依赖的环境信息，有助于公众将环保意识转化为自觉的行动，也对政府的决策和企业的行为有效地监督[①]。

第四节　结论：公众参与和环境保护

环境保护和资源的有效利用是当前中国经济发展的瓶颈问题。对于中国这样一个人口众多、资源有限的发展中大国，资源与发展的矛盾在未来的20年中将进一步突出。目前我国耕地、森林、水、石油、天然气等资源仅占世界平均水平的几分之一甚至十几分之一，但在生产（世界第二大经济体）和生活（十三多亿人口）方面所形成的对于资源的需求则很大。尽管如此，在现有的生产技术水平和产业结构的制约下，我国资源消耗巨大，单位GDP能耗一直居高不下。人口、资源与环境三类因素之间的关系非常紧张。资源早已严重透支，环境污染触目惊心，这使加强环境保护成为中国经济发展的关键问题之一[②]。为此，我们需要进行发展模式的转变，把提升人们的生活质量而不是片面追求经济增长作为发展目标。这一态势要求中国改变那种依靠大量生产要素的投入来进行粗放型的发展道路，转而走向以提升经济可持续发展的路径，并最终推动经济增长方式和生活方式的转变。因此，我国在工业化进程中不应该以人们的健康和安全受到严重损害为代价来发展经济，更不应该走牺牲自己子孙后代赖以生存和发展资源的道路。

在节约能源资源和加强生态环境保护的过程中，公众参与是最为有效的途径。公众参与有助于解决市场经济中存在的外部性问题[③]，公众参与过程可以缓解由环境污染问题造成的社会影响。从社会视野来看，公众参与也能在社会政治权利上形成压力提升企业生产的自律行为。在此，我们既要倡导企业的社会责任，强调其在减排和污染治理方面要履行社会责任，也要形成相应的机制促使公众参与，形成治理污染的社会压力。环境治理问题也会涉及社会组织、企业、社区和个人在环境权益方面的维护。解决环境保护相关问题可以采取一系列的政策，包括信

① 丁慧君，王萍：《加强环境宣传教育，提高群众环保意识》，载《环境教育》2013年第11期。
② 李尚勇：《中国环境形势有多严峻》，载《中国改革》2014年第4期。
③ 马军：《环境治理亟待社会共识公众参与遏制权力寻租》，载《南方都市报》，2007-01-27。

息公开、环境教育、公众参与和环境执法等方面。在这些方面，公众参与是环境治理的核心问题。它既是环境教育的目标，也是改进环境行政执法的共同途径[1]。因此，需要持续强调公众参与对于环境治理的意义，并对其不同主体参与的动机机制、参与和互动方式等进行深度分析。在这里要分析公民的参与状况，就必须讨论政府和其他不同主体的环境权利和义务，这也使得环境治理成为政府治理和社会管理的一个典型议题。本文通过对嘉兴市环境保护公众参与实践经验的探讨和评估，研究这一个案经验对于我们形成公众参与机制的启发意义。嘉兴市通过整合社会力量，搭建公众参与平台、形成了“政府引导、部门支持、市民参与”的新格局。同时尝试通过“一会三团一中心”的组织化平台引导公众参与，探索环境管理的新机制。这种参与呈现出初步的制度化倾向，表现为公众参与形式和渠道的多样化、公众监督的制度化、公众参与支持手段的多样化。基于此，本研究对地方政府的推动力、社会组织的协调作用、企业的支持与配合、社区的倡导和公民个人的参与等方面的因素展开分析，总结这些经验的得失成败。我们探讨了这一社会创新的经验，以及这一模式所具有的可推广性及其政策蕴意。同时，这些讨论也分析了这一机制的有效性。这些经验要能够提升各类社会主体的参与程度（特别是社会组织的参与程度），缓解各种主体失灵的状况，并进而防范公众因环境利益冲突而引发的各类群体性事件[2]。通过对嘉兴经验所蕴含的政策意义的讨论，有利于探索地方政府在环境治理过程如何形成有效的工作模式，并实现推进公众参与的目的。

同时本研究通过对嘉兴模式的讨论，揭示社会公众是如何通过社会组织的中介来参与环境治理的方式和途径，如何寻找各种社会主体之间的利益协调和相互沟通的有效方式，以及推进地方环境治理的条件。作为社会探索，本研究对于探讨如何在威权主义背景下发展环境协商民主提供了地方经验。在此背景下，社会团体和非政府组织既没有相应的社会权利，也缺乏进行有效参与环境治理的社会权威。在环境保护的议题上，目前中国的社会团体和公民自身的力量十分有限，大多数的环保团体没有足够的能力赢得公众对其行动的支持，也难以实现公众环保行动的动员。

① 楼苏萍：《西方国家公众参与环境治理的途径与机制》，载《学术论坛》2012 年第 3 期。
② 林卡，易龙飞：《参与与赋权：环境治理的地方创新》，载《探索与争鸣》2014 年第 11 期。

本文所讨论的嘉兴模式依靠“一会三团一中心”的组织平台而进行多方参与。其覆盖环境决策的整个过程，包括前期参与、立项阶段的参与、执行阶段的参与和事后参与。公众在这一过程中的全程参与可以极大提升他们的参与热情和积极性。这一研究揭示了在中国威权主义的背景中，如何实现政府与公众良性互动的现实途径，以及改变政府的社会管理方式所具有的理论意义。同时，这些研究也具有一定的政策含义，诸如鼓励和支持环保民间组织的发展，搭建公众参与的表达机制，加强应对突发环境事件的能力建设以及提升民间组织的社会影响力等。

讨论公众参与的状况还必须反映构建企业、政府和其他社会团体等不同主体之间的合作和互动机制是如何运作的。对企业来说，其自身是污染排放者和环境监管对象，如果缺乏有效的监督，企业难以具有与政府合作的动力，也缺乏参与环境治理的动力。为此，要积极促进企业履行自身的社会责任，不仅要通过法律法规的完善以及严格的环境执法的手段来促使企业参与到环境治理进程。在此，政府也要对企业社会责任的发挥提供经济政策和激励措施，通过对企业进行环保评级和信用评价，并将其与企业银行贷款、抵押以及发债等行为联系起来①。同时，也要通过引入公共参与机制的方式接受社会监督，向社会主动实现环保信息公开，并为社会环保行动提供支持。

本研究所进行的许多调查资料也显示，公民对环境保护活动的参与仍旧存在着不足，特别是对普通公众来说普遍缺乏参与意识。这种状况使社会组织的作用十分脆弱，公民无法被有效地组织起来发挥环境监督的作用。同时，也要积极鼓励公众形成健康、可持续的生活方式。在我国公众的个人生活中，要通过相关方式和手段鼓励公众“低碳消费”，强调物质以及精神和文化层面消费的质量而不是数量。在这一点上我们要特别注意通过环境宣传和教育，借助媒体平台以及社区、学校和企业等不同载体，提升公众的环保素质。与此同时，还必须通过环境信息公开以及公众参与程序立法等形式来强化公众的知情权、参与权和监督权，以谋求公众参与在权利保障和环境决策中的真正作用。

对于地方政府来说，要积极实现自身职能的转变，推动环境管理转向环境治理，搭建社会参与的各种载体和平台，鼓励社会多元主体参与到环境治理中，同时政府要为这种参与提供配套机制，尤其是为这种参与渠道、参与方式以及参与

① 李天宇：《环保 NGO：配角转向主角》，载《记者观察杂志》2007 年 7 月 1 日。

的范围等提供程序和法律上的保障。这种参与既可以通过政府自上而下的推动，也可以由社会群体的推进来完成[①]。从嘉兴市的环境治理实践看，参与环境治理的不同主体之间的合作需要有地方政府的推进，它需要在通过“政府－企业”合作、“政府－公众”合作或“政府－企业－公众合作”的基础上构成一个高效的环境治理体系。这一体系的成长仅仅依靠环保部门或企业或公众个体都是不够的，难以实现对环境的有效监督。为此，社会组织对企业履行社会责任的状况进行外部监督就十分重要。如果缺乏公众监督，我们就难以抑制政府与企业合谋的利益冲动，也难以改变政府追崇 GDP 的发展导向。正因为如此，我们在环境保护公众参与的进程中，必须要深化社会组织参与的广度和深度，建立“参与—回应”的渠道，构建社会组织与其他主体相互制衡的体系[②]。

在嘉兴市的环境保护实践中，不同主体之间也存在着矛盾冲突和不信任。要确保各个利益主体参与到环境决策中来，就要保障他们的环境知情权、参与权和诉讼权。对于环保社会组织来说，要强化其作用，使之成为相对独立的评估者和监督者，并在公众参与的过程中发挥着重要的纽带和平台作用，就要为这些组织的发展提供发展空间，增加社会组织的数量并提升其质量[③]。目前，这些公益性环保组织的发展面临着注册难、经费难、社会参与难的问题。政府需要通过降低注册门槛，放松管制，并通过财政税收的优惠和减免，来提升环保公益类组织的可持续发展能力。同时，在推进公众参与和企业参与方面，嘉兴模式的经验也为我们提供一些经验素材去思考如何进一步提升普通市民的环境意识和公众的素养问题，如何吸引更多的市民进入有序合理的参与过程，如何扩大市环保联合会的影响力，使其成为公众、企业和政府之间的桥梁；如何使环保组织行动获得更为广泛和民众的认同，如何把目前的实践形成一定的程序制度；如何保证环境治理的实效而不是流于形式。这些问题的解决对于确保这一模式的可操作性和可持续性具有重要的作用。

针对这些问题，我们在对嘉兴模式经验的广泛调研和理论讨论的基础上，对环保 NGO 如何提升自身在环境公众参与中的主体作用，这一问题，可以形成以

---

① 张昭庆：《环境保护的权利与权力配置》，载《山东社会科学》2011 年 6 期。

② 刘新宇：《社会管理创新背景下深化社会组织环保参与的研究》，载《社会科学》2012 年第 8 期。

③ 范必，伊丽莎白·多德斯韦尔等：《中国环境保护与社会发展的关系》，载《中国环境报》，2013 年 11 月 18 日。

下政策讨论和政策建议。

首先，环保 NGO 要通过自身行动来凸现和宣传环境参与的理念，提升公众的环境意识。目前，环保 NGO 和其他社会团体的行动已经引起了公众对环境问题的极大关注。尽管人们已经认识到自身拥有的环境知情权、参与权和监督权等权益，但是公众对环保 NGO 的一些行动仍旧存在不了解、不认可、不接受现象，为此，环保 NGO 和相关社会团体必须以环境效益作为明确的利益诉求，并通过环境利益的维护行动来获得公众的认可[①]。对于环境公共事件（例如嘉兴市的“晶科能源事件”），环保公益组织要主动地寻求介入，发挥独立第三方的作用，在实现不同利益主体之间的对话和沟通的同时，通过社会行动使事件向公共利益偏转。

其次，环保 NGO 政策倡导要避免“不接地气”，避免孤军奋战的困境。要特别注重在依靠社区组织开展活动。在此，社区组织包括城镇的居民社区和农村的乡村，这些是人们生活居住的最基本单元，也是最基本的公共生活空间。在社区开展活动能够更广泛地动员公众参与，并能为公民提供相应的策略、规范，提升其民主参与的能力。在嘉兴市的相关调研中，我们注意到社区居民的环保行动大多局限于垃圾处理、社区环保宣传等活动，而对于“环保检查团”这样的环保 NGO 的活动社会居民往往并不知晓。这表明这些环保组织往往缺少在社区层面的行动，而与此同时社区组织对于环保 NGO 在促进公众参与环境治理方面所做的努力的了解十分有限，这极大地限制了环保 NGO 的社会活动空间，也影响了这些环保 NGO 在社区中获得人们广泛的认可以及它们的社会动员能力。

第三，环保 NGO 要积极引导公众在环境问题上真实意愿的表达。由于环境问题日益显化，公众对于环境保护问题具有强烈的表达意愿。但是，由于缺少参与的平台，他们的个体化的参与效果收效甚微。以致许多公众的环保参与意愿严重不足，只有在环境侵害发生之后才被动地卷入到环境保护的进程中，其结果是他们参与方式的极端化和参与效果的差强人意。对此，环保 NGO 可以借助各种组织方式和网络信息平台，让公民自由表达意愿，同时通过集合公众的环保意愿，实现公众组织化的参与，从而形成环境保护的社会压力。

① 樊根耀，郑瑶：《环境 NGO 及其制度机理》，载《环境科学与管理》2008 年第 7 期。

第四，环保 NGO 组织之间要加强合作。对于公民个体来说，个体的力量过于弱小，环保 NGO 作为公众环保的一种集体组织可以以组织化的方式，提升与政府、企业对话的力量①。但是当前的环保 NGO 的规模仍旧比较弱小，要发挥自身的独立第三方作用，让社会听到自己的声音就必须实现团体之间的协作。这种协作我们在嘉兴模式中经常看到。以嘉兴市环保联合会为主要代表的环保组织在行动中注意发挥其环保产业协会以及区县分会在基层动员的能力，积极引导发挥这些组织在企业、社区以及学校和公民个人中的辐射作用。这些努力鼓励不同主体之间的合作和联合，扩大环保组织在提升市民环境意识和政府决策中的影响力。

第五，提高环保 NGO 影响政府决策的能力。根据《NGO 研究 2001》报告显示，全国只有不到 20%的 NGO 向政府提过六项以上的政策建议，而被采纳过六项以上意见的不到 5%②。虽然环保组织的发展迅速，但是，目前环保 NGO 的组织对政府决策的影响十分微弱。在嘉兴市这种现象也存在，虽然环保组织环境参与行动也十分活跃，但是其在环境政策和规划中的影响还是比较微弱。许多环保参与行动中政府意愿仍旧掌握着最终的决定权，以致使许多公众对环保组织的作用产生质疑。要改变这种局面，就必须加大对环保 NGO 的赋权。在当前威权主义背景中，环保 NGO 要适应政治限制和利用国家控制资源，尝试进入政府决策过程去影响政府行为③。

第六，NGO 的合法性问题。虽然环保 NGO 以公共利益为目标，但其目标意图、行动手段等方面都可能在政治合法性方面受到质疑，尤其在政府与社会团体之间的关系上，甚至还可能存在利益冲突。政治合法性的要求会限制那些与政府观点不一致的社会团体的发展，而且其行动是否真正具有社会正当性并赢得公众的承认乃至参与也会是有复杂性④。目前，虽然我国政治参与的过程不断走向开放，但是对于环保 NGO 所开展的行动的政治合法性方面的存疑仍然普遍存在。尤其是草根环保 NGO 不仅注册难而且其行动的空间被压缩。另一方面，环保 NGO 可以在某种程度上满足社会的需要，但其在经费来源、独立性、透明度等问题上也会受到公众的质疑，从而影响了环境 NGO 行动的社会正当性。因此，要提升 NGO

① 曹姣星：《近年来国内环保社会组织研究述评》，载《中共云南省委党校学报》2013 年第 5 期。
② 王名主编：《中国 NGO 研究——以个案为中心（2001）》，清华大学 NGO 研究所，2001 年。
③ 李咏：《中国 NGO 狭缝求生》，载《财经》2002 年第 3 期。
④ 张瑞玲：《社团合法性——从资源依赖视角的解释》，载《理论界》2010 年第 2 期。

的政治合法性就必须拓展其发展所需要的空间。这个空间不是从天而降的，需要 NGO 通过自己活动的开展获得政府与社会的认可来设立。

第七，自主性问题。目前大多数登记注册的环保 NGO 具有官方色彩，其在资金来源、组织建设、组织成员等方面严重影响了其自主性和独立性问题。尽管草根环保组织的独立性相对较强，但往往难以获得政府的信任，其行动也难以得到政府的认可和支持。这使他们在获得自主性的同时带来的有可能是政府的不信任和不认可。在嘉兴市，“一会三团一中心”这样的环保组织具有较强的官方色彩，其组织行动往往被认为是贯彻政府的意志，缺少自主性，这种情况不可避免地要影响到其在公众参与中的动员和组织能力。对此，嘉兴市环保组织正谋求通过项目制和鼓励慈善捐助的形式来提升其经费的独立性，并且加强自身组织运作的能力，不断提升自己的自主性。在政府方面，嘉兴市环保部门也要正视环保 NGO 的独立第三方作用，尽量避免政府对其合法行动的行政干预，推动其从政府培育的准社会组织向真正的 NGO 转变。

从中国的环境实践看，公众在环境和资源管理中的缺位是今天中国环境管理体系中的最大缺陷。从各地的环境实践看，当前公众参与环境治理活动的频率并不高，环境社会组织还十分缺乏。在此，嘉兴的实践经验为我们提供了有效的借鉴，其借助“一会三团一中心”的组织化平台，积极推动公众参与到环境治理行动，也推进了公民组织和社会团体的发展。同时我们也看到，嘉兴模式中还存在诸多的不足。虽然公众可以获得参与到环境执法、部分的环境规划以及评议等过程，但是其参与的广度和深度还不够，特别是在预案参与和宏观参与方面相对薄弱[①]。同时，环保组织的运作能力还较差，缺乏对公众的环境动员能力，而社区自治组织与外部环保组织之间缺乏互动，难以保障公众参与的持续性。对于这些问题的思考和回答，对于推进嘉兴模式未来的发展，探索其模式的适用性以及环境治理公众参与具有积极的意义。

总之，中国环保 NGO 的发展在今天面临着新机遇。随着中国社会经济的发展和改革的深入，政府管理行为开始走向法治化，逐步向社会组织让渡公益资源，并开放公民活动的空间，这催生了大量公益和互益性的 NGO 的出现。许多自发的（包括环保 NGO 在内的）公益慈善性社会团体成为关注生态危机、帮助弱势

① 杨妍：《环境公民社会与环境治理体制的发展》，载《新视野》2009 年第 4 期。

群体、维护社会公正、积累社会资本、促进社会可持续发展的重要力量[①]。在此背景下，“嘉兴模式”通过环保NGO或社会团体的培育和支持，鼓励其引导公众参与，积极发挥其在环境治理中的作用，取得了丰富的实践经验，对我国环保实践的发展，以及环境治理形成有力的推动。

① 张斌斌：《中国社会组织的发展与成长——基于当前政治生态的分析》，载《理论导刊》2012 年第 1 期。

附录 1

嘉兴市公众参与环境保护管理办法

（送审稿）

第一条 为加强生态文明建设，维护公众的环境权益，促进环境保护公众参与工作，依据《中华人民共和国环境保护法》《中华人民共和国政府信息公开条例》《国务院关于落实科学发展观加强环境保护的决定》《环境信息公开办法》《环境影响评价公众参与暂行办法》等有关规定，结合本市实际，制定本办法。

第二条 本办法所称公众，是指具有完全行为能力的自然人、法人和其他组织。

第三条 公众参与环境保护活动实行广泛、平等、民主、公开、透明、诚信的基本原则。

第四条 本办法由县（市、区）级以上人民政府环境保护行政主管部门负责实施。县（市、区）级以上人民政府有关部门或其他单位应当协助做好环境保护公众参与工作。

第五条 县（市、区）以上人民政府应加强公众参与环境保护的政策引导和财政扶持，将公众参与生态文明建设和环境保护工作纳入社会经济发展规划和环境保护优先发展项目，列入生态文明和生态市建设考核指标。

第六条 县（市、区）级以上政府及环保、民政部门应加强社会环保组织建设的指导和帮助，实施从简优先登记备案制，按照骨干引导，群众自愿、依法规范的要求，引导建立市、县两级环保联合会，鼓励发展镇、街道及社区、村级基层环保组织，广泛开展环境保护宣传活动，开展公众评议环境保护工作。

第七条 公众参与环境保护工作拥有以下权利：

（一）参与地方环境保护政策的制定和环境保护规划的编制；

（二）参与建设项目环境影响评价、规划环境影响评价工作和“三同时”验收监督；

（三）获得并使用环境保护公共信息；

（四）在受到环境污染损害时依法要求赔偿；；

（五）对生态市建设和环境保护部门的工作提出意见和建议；

（六）对环境违法行为进行监督、检举和控告；

（七）举报环保公务人员的违法行为；

（八）环境保护法律法规、政策、标准和技术的宣传、推广；

（九）法律、法规、规章规定的其他行为。

第八条 对在公众参与环境保护中做出突出贡献的单位和个人，由各县（市、区）人民政府予以表彰和奖励。

第九条 除涉及国家规定需要保密的情形外，县（市、区）以上人民政府及其环境保护行政主管部门必须向公众全面、及时公开环境信息。

第十条 下列环境信息应予公开或公布

（一）国家和省、市环境保护法律、法规、规章和其他规范性文件；

（二）国家和省、市环境保护政策、市环境保护规划和计划；

（三）各类环境标准及环境功能区划；

（四）各类严重违法企业排污状况和污染治理情况；

（五）城市大气环境质量状况；

（六）建设项目环境保护管理情况；

（七）排污费征收依据、标准和使用情况；

（八）行政处罚依据、标准、程序和执行情况；

（九）环境保护部门主要职责、办事程序和服务承诺；

（十）重大环境治理、环保外资引进项目；

（十一）其他环境信息。

第十一条 各县（市、区）环境保护行政主管部门每年应当向公众发布一次本行政区域的环境质量公报。

第十二条 在发生环境污染事故，对公众健康和环境可能造成危害的紧急情况下，环境保护行政主管部门应迅速向可能受到影响的公众发布一切能够帮助公众采取措施预防和减少损害的信息。

第十三条 公众可通过以下方式获取环境信息：

（一）以书面和口头方式直接向环境保护行政主管部门查询；

（二）通过环境保护行政主管部门的网站查询；

（三）通过环境信息刊物查询。

第十四条 公众直接提出获取环境信息要求的，环境保护行政主管部门应当在接到要求后15个工作日内予以答复，特殊情况可延长至30个工作日。

第十五条 经环境保护行政主管部门认定市控、省控和国控重点污染企业应当定期向公众公布本单位下列环境保护信息：

（一）污染物排放总量及超标准排放污染物状况：

（二）污染物排放对环境造成的影响；

（三）污染事故的防范及对策；

（四）污染治理计划及年度清洁生产实施情况；

（五）企业内部环境管理情况。

污染重点监控企业名单由市级以上环境保护行政主管部门根据企业的排污状况、污染负荷和对环境影响程度确定，并定期在媒体上予以公布。

第十六条 政府及其环境保护行政主管部门在制订环境政策、编制环境保护规划和地方规范性文件，或者在实施污染限期治理验收中，除涉及国家规定需要保密的内容外，应当先期在新闻媒体公布草案或召开论证会，公开征求公众意见，并采纳其合理意见。

第十七条 除国家规定需要保密的情形外，对环境可能造成重大影响、需编制环境影响报告书的建设项目，环境保护行政主管部门必须在自收到建设项目环境影响报告书后3个工作日内，在本地新闻媒体或环境保护网站上公布该建设项目信息，包括项目名称、拟选地址、项目性质、可能对环境造成的影响、防治环境污染和生态破坏的措施等。

公众可在建设项目信息公布后10个工作日内，以电话、传真、信件、电子邮件等方式，向负责审批该项目的环境保护行政主管部门提出意见，环境保护行政主管部门应当采纳公众的合理意见。

第十八条 建设单位报批的环境影响评价报告书应当附具对有关单位、专家和公众意见采纳情况的文字说明。

第十九条 建设单位在本市居民集中居住区域内兴办饮食娱乐服务业，应当通过建设项目所在地社区委员会、街道办事处或其他有效方式征求附近公众意见，并对公众意见采纳情况做出说明。

第二十条 公众对环境污染和生态破坏的投诉以及公众对环境保护工作提出的建议，环境保护行政主管部门应当予以支持和鼓励，并设立公开电话，受理公众投诉，研究解决问题的办法，采纳其合理的建议。

第二十一条 公众向人民法院提起环境污染损害赔偿民事诉讼时，环境保护行政主管部门应在污染损害举证方面予以支持。

第二十二条 环保行政主管部门在向社会公布（或公示）环境信息时，新闻单位应当免费提供公益性广告信息栏目。

第二十三条 违反本办法规定，环境保护行政主管部门未按规定公开环境保护信息或不履行法定职责的，由行政过错责任追究机关责令限期履行，逾期不履行的，追究其主要负责人和直接责任人的行政责任。

第二十四条 违反本办法规定，环境保护行政主管部门未公布建设项目信息或建设单位未按规定征求有关单位、专家和公众意见，擅自审批建设项目的，该审批行为无效，并由行政过错责任追究机关对直接责任人给予行政处分。

第二十五条 违反本办法规定，建设单位在居民集中居住区域内建设饮食娱乐服务业未征求公众意见的，环境保护行政主管部门不予审批；擅自审批的，对直接责任人给予行政处分。建设单位在征求公众意见时弄虚作假的，由环境保护行政主管部门撤销审批决定。

第二十六条 违反本办法第十五条规定，未公布或者未按规定公布本单位环境保护信息的，由环境保护行政主管部门予以公布，并追究所在地环保部门责任。

第二十七条 本办法自 2010 年 月 日起施行。

附录 2

嘉兴市环保联合会章程

（经 2010 年 12 月 6 日嘉兴市环保联合会一届一次会员大会通过）

第一章　总　则

第一条　本团体的名称为嘉兴市环保联合会。

第二条　本团体是由嘉兴各界热心于环境保护事业人士、企事业单位和其他社会组织自愿结成的、非营利性的、区域性社会组织。

第三条　本团体遵守宪法、法律、法规和国家政策，遵守社会道德风尚，其宗旨是围绕实施可持续发展战略，围绕市委、市政府保护环境建设生态文明的目标，围绕维护公众环境权益，发挥政府与社会之间的桥梁和纽带作用，推动嘉兴环保事业的进步与发展。

第四条　本团体接受嘉兴市环境保护局、民政局的业务指导和监督管理。

第五条　本团体的住所为嘉兴市中山东路 922 号 411 室。

第二章　业务范围

第六条　本团体的主要任务是组织和协调各方面的社会资源，共同参与环保事业，加强社会监督，维护公众环境权益，协助和监督政府实现环境保护目标，促进环保事业发展；组织参加区域间民间环保交流与合作，推动环保事业的共同进步与发展。其具体业务范围如下：

（一）围绕政府环境与发展的目标和任务，充分发挥政府与社会之间的桥梁和纽带作用，为各级政府及其有关行政主管部门提供决策建议；

（二）组织开展维护环境权益活动和环境法律援助，维护公众合法环境权益；

（三）开展环保领域公众参与、社会监督，多渠道多角度为环境领域公众参与和社会监督创造条件，构建环境领域公众参与和社会监督的新平台；

（四）开展相关的环境政策、法律、法规和技术咨询服务；

（五）团结凝聚各社团组织，联合各方面的力量，共同促进环保事业的发展；

（六）开展环境保护和生态文明建设的宣传教育活动，普及环境保护、维护环境权益和生态文明知识，提高广大群众环境保护和生态文明意识；

（七）开展有助于环境保护和生态文明建设的公益性活动，承办政府及有关组织委托的其他工作。

第三章　会　员

第七条　本团体的会员分为单位会员和个人会员两类。企事业单位和其他社会组织可申请作为本团体的单位会员；各界热心于环境事业的人士可申请作为本团体的个人会员。

第八条　申请加入本团体的会员，必须具备下列条件：

（一）拥护本团体的章程；

（二）有加入本团体的意愿；

（三）自愿从事或参与本团体业务范围内的一项或几项活动；

（四）个人会员应该是在一定领域内具有一定影响的人士；

（五）单位会员应该是环境形象较好，有一定知名度的企事业单位和其他社会组织。

第九条　会员入会的程序是：

（一）提交入会申请书；

（二）经理事会或其授权的机构讨论通过；

（三）由理事会或其授权的机构发给会员证。

第十条　会员享有下列权利：

（一）本团体的选举权、被选举权和表决权；

（二）参加本团体的活动；

（三）获得本团体服务的优先权；

（四）对本团体工作的批评建议权和监督权；

（五）入会自愿、退会自由。

第十一条 会员履行下列义务：

（一）执行本团体的决议；

（二）维护本团体合法权益；

（三）完成本团体交办的工作；

（四）按规定交纳会费；

（五）向本团体反映情况，提供有关资料和信息。

第十二条 会员退会应书面通知本团体，并交回会员证。会员如果 1 年不交纳会费或不参加本团体活动的，视为自动退会。

第十三条 会员如有严重违反本章程的行为，经理事会或常务理事会表决通过，予以除名。

第四章 组织机构和负责人产生、罢免

第十四条 本团体的最高权力机构是会员代表大会。会员代表大会的职权是：

（一）制定和修改章程；

（二）选举和罢免理事；

（三）审议理事会的工作报告和财务报告；

（四）决定本团体终止事宜；

（五）决定其他重大事宜。

第十五条 会员代表大会须有 2/3 以上的会员代表出席方能召开，其决议须经到会会员代表半数以上表决通过方能生效。

第十六条 会员代表大会每届 4 年。因特殊情况需提前或延期换届的，须由理事会表决通过，报市环境保护局审查并经民政部门批准同意。但延期换届最长不超过 1 年。

第十七条 理事会是会员代表大会的执行机构，在闭会期间领导本团体开展日常工作，对会员代表大会负责。

第十八条 理事会的职权是：

（一）执行会员代表大会的决议；

（二）选举和罢免会长、副会长、秘书长；

（三）筹备召开会员代表大会；

（四）向会员代表大会报告工作和财务状况；

（五）决定会员的吸收或除名；

（六）决定设立办事机构、分支机构、代表机构和实体机构；

（七）决定副秘书长、各机构主要负责人的聘任；

（八）领导本团体各机构开展工作；

（九）制定内部管理制度；

（十）决定其他日常重大事项。

第十九条 理事会须有 2/3 以上理事出席方能召开，其决议须经到会理事 2/3 以上表决通过方能生效。

第二十条 理事会每年至少召开一次会议；情况特殊的也可采用通讯形式召开。

第二十一条 本团体设立常务理事会。常务理事会由理事会选举产生，分别由会长 1 人、副会长若干人、常务理事若干人组成。常务理事的人数原则上不超过理事总人数的 1/3；常务理事会在理事会闭会期间行使第十八条第一、三、五、六、七、八、九、十项的职权。常务理事会对理事会负责。

第二十二条 常务理事会须有 2/3 以上常务理事出席方能召开，其决议须经到会常务理事 2/3 以上表决通过方能生效。

第二十三条 常务理事会至少半年召开一次会议；情况特殊的也可采用通讯形式召开。

第二十四条 本团体的会长、副会长、秘书长必须具备下列条件：

（一）坚持党的路线、方针、政策，政治素质好；

（二）在本团体业务领域内有较大影响；

（三）会长、副会长、秘书长最高任职年龄一般不超过 70 周岁，秘书长为专职；

（四）身体健康，能坚持正常工作；

（五）未受过刑事处罚的；

（六）具有完全民事行为能力。

第二十五条 本团体会长、副会长、秘书长如超过最高任职年龄的，须经理事会表决通过，报市环境保护局审查并经民政部门批准同意后方可任职

第二十六条 本团体会长、副会长、秘书长每届任期4年。会长、副会长、秘书长任期原则上不超过两届，因特殊情况需延长任期的，须经会员代表大会2/3以上会员代表表决通过，报市环境保护局审查并经市民政局批准同意后方可任职。

第二十七条 本团体秘书长为本团体法定代表人，本团体法定代表人不兼任其他团体的法定代表人。

第二十八条 本团体会长行使下列职权：

（一）召集和主持理事会、常务理事会；

（二）检查会员代表大会、理事会、常务理事会决议的落实情况；

（三）代表本团体签署有关重要文件。

第二十九条 本团体秘书长行使下列职权：

（一）主持办事机构开展日常工作，组织实施年度工作计划；

（二）协调各分支机构、代表机构、实体机构开展工作；

（三）提名副秘书长以及各办事机构、分支机构、代表机构和实体机构主要负责人，交理事会或常务理事会决定；

（四）决定办事机构、代表机构、实体机构专职工作人员聘用；

（五）处理其他日常事务。

第五章　资产管理、使用原则

第三十条 本团体经费来源：

（一）会费；

（二）捐赠；

（三）政府资助；

（四）在业务范围内开展活动或服务的收入；

（五）利息；

（六）其他合法收入。

第三十一条 本团体按照国家有关规定收取会员会费。

第三十二条 本团体经费必须用于本章程规定的业务范围和事业的发展，不得在会员中分配。

第三十三条 本团体建立严格的财务管理制度，保证会计资料合法、真实、准确、完整。

第三十四条 本团体配备具有专业资格的会计人员。会计不得兼任出纳。会计人员必须进行会计核算，实行会计监督。会计人员调动工作或离职时，必须与接管人员办清交接手续。

第三十五条 本团体的资产管理必须执行政府规定的财务管理制度，接受会员代表大会和财政部门的监督。资产来源属于政府拨款或者社会捐赠、资助的，必须接受审计机关的监督，并将有关情况以适当方式向社会公布。

第三十六条 本团体换届或更换法定代表人之前必须接受民政部门和环境保护局组织的财务审计。

第三十七条 本团体的资产，任何单位、个人不得侵占、私分和挪用。

第三十八条 本团体专职工作人员的工资和保险、福利待遇，参照国家事业单位合同工有关规定执行。

第六章　章程的修改程序

第三十九条 对本团体章程的修改，须经理事会或常务理事会表决通过后报会员代表大会审议。

第四十条 本团体修改的章程，须在会员代表大会通过后 15 日内，经市环境保护局审查同意，并报民政部门核准后生效。

第七章　终止程序及终止后的财产处理。

第四十一条 本团体完成宗旨或自行解散或由于分立、合并等原因需要注销的，由理事会或常务理事会提出终止动议。

第四十二条 本团体终止动议须经会员代表大会表决通过，并报市环境保护局审查同意。

第四十三条 本团体终止前，须在市环境保护局及有关机关指导下成立清算组织，清理债权债务，处理善后事宜。清算期间，不开展清算以外的活动。

第四十四条 本团体经民政部门办理注销登记手续后即为终止。

第四十五条 本团体终止后的剩余财产，在市环境保护局和民政部门的监督下，按照国家有关规定，用于发展与本团体宗旨相关的事业。

第八章　附　则

第四十六条 本章程已经 2010 年 12 月 6 日会员代表大会审议通过。

第四十七条 本章程的解释权属本团体的理事会。

第四十八条 本章程自民政部门核准之日起生效。

附录 3

嘉兴市民环保检查团组织实施办法

（试行）

第一条 为推进我市生态文明建设，积极创新公众参与环保监督工作机制，深入动员全社会参与环境保护，促进环境友好型社会建设和污染减排科普知识的宣传普及，根据《中华人民共和国环境保护法》等法律法规和《嘉兴市环境保护飞行监测办法（试行）》（嘉政发[2007]73 号），《嘉兴市环保信用不良企业公示管理试行办法》（嘉环管[2007]34 号）要求，特制订本办法。

第二条 本办法适用于嘉兴市范围内的环保信用不良企业、环境污染违法较重企业和重点整治污染企业的验收评价及监督管理。

本办法所称“市民环保检查团”，主要是指参与对完成期限整改任务的环保信用不良企业、环境污染违法较重企业和重点整治污染企业“摘帽”验收的市民环保志愿者团体。

第三条 市民环保检查团成员基本条件

（一）热爱环保公益事业，关心和支持环境保护工作；

（二）具有较高的服务、奉献、大局意识和团队协作精神；

（三）能吃苦耐劳，任劳任怨，服从志愿者组织的安排；

（四）有强烈责任感，敢于同污染环境的行为作斗争，能较好完成交办的各项任务；

（五）身体健康，具有一定的环保和相关法律知识；

（六）对所检查验收的企业有一定了解。

第四条 市民环保检查团成员招募

按照便于协调组织、便于检查验收、便于监督管理的原则，由市环保局负责联合本地新闻媒体向社会公开招募，由新闻媒体负责从招募对象中遴选最具备条件的市民代表组成检查团。

第五条 主要工作任务

（一）参与环保信用不良企业、环境污染违法较重企业和重点整治污染企业的“摘帽”验收评价及监督管理；

（二）跟随环保执法人员协作开展执法检查工作，监督和纠正各种环境违法行为。

第六条 活动形式

（一）重大活动：结合全市重大环保专项检查活动或环保重大节日，全年安排2至3次集中行动，由市环保志愿者服务总队统一指挥，全体市民环保检查团成员参加；

（二）日常活动：定期组织市民环保检查团成员参与完成整改任务申请“摘帽”企业的检查验收工作；

（三）参加“摘帽”听证会：对一些重大复杂污染违法行为整改项目的召开听证会，以进一步审查申请“摘帽”企业的整改思路、整改方法和整改效果，体现“摘帽”工作的公平、公正、公开。

第七条 工作制度

（一）培训：以环保志愿者骨干培训为平台，对市民环保检查团成员进行定期培训，提高市民环保检查团成员参与技能和综合素质；

（二）请假：市民环保检查团成员应严格遵守纪律，服从统一安排，严守保密纪律，从事志愿活动期间不迟到早退，有事及时请假。一年不参加任何活动的，即视作自动放弃。

（三）会议：适时召开座谈会，请市民环保检查团成员交流参与活动的心得体会，提出改进意见和建议；每年召开一次总结表彰大会，表彰名单纳入当年的市环保志愿者服务总队表彰名单。

第八条 保障措施

（一）市民环保检查团活动时其成员使用市环保志愿者服务总队统一制作的帽子和背心，佩戴统一制作的“市民环保检查证”；

（二）编印市民环保检查团宣传资料，组织市民环保检查团进行培训，学习环保法律法规、主要污染物的排放标准、市环保部门职责和相关业务知识；经环保部门考核合格后，颁发“市民环保检查证”；

（三）市民环保检查团活动经费列入市环保志愿者服务总队开支项目，由市环保局承担，统一纳入年度市环保志愿者服务总队开支计划；活动经费要专款专用，不得挪作他用，年终专项表彰经费由市环保局承担。

第九条 本办法由市环保局负责解释。

第十条 本办法自公布之日起执行。

附录 4

嘉兴市环保局行政处罚公众评审员管理办法

（试行）

第一条 为健全环保公众参与机制，保障公民依法有序参与行政处罚评审活动，规范环保行政处罚公正、公开、透明实施，依据《中华人民共和国行政处罚法》和《环保行政处罚办法》等法律、法规规定，制定本办法。

第二条 嘉兴市环保局行政处罚公众评审员（以下简称公众评审员），是指符合本办法规定条件和要求，以独立身份参与嘉兴市环保局环境行政处罚案件公众评审会的人员。

嘉兴市环保局环境行政处罚案件公众评审会（以下简称公众评审会），是指以会议形式召开的公众评审员依照本办法规定的程序集体评议、独立行使表决权的案件审议公众参与制度。

第三条 公民担任公众评审员，应当具备以下条件：

（一）嘉兴市户籍人口并常住嘉兴；

（二）年龄在 22 周岁至 65 周岁；

（三）热爱环保事业，关心支持环境保护工作；

（四）具有一定的环保和法律知识或本身从事环保或法律专业工作；

（五）能按时参加嘉兴市环保局行政处罚案件公众评审会。

第四条 嘉兴市环保局定期向社会公开招募公众评审员，并向社会公告所需选聘公众评审员的名额、选任条件、申请期限、程序等相关事项。符合担任公众评审员条件的公民，可以由本人向嘉兴市环保局提出申请。

第五条 申请担任公众评审员的人应对所提供资料的真实性负责。

第六条 嘉兴市环保局从公开招募的对象中按照“公开、公平、公正、广泛吸收、择优选聘”的原则，筛选具备条件的人员当选本届公众评审员。

第七条 嘉兴市环境保护局对公众评审员进行培训，提高公众评审员的参与技能和业务素质。

第八条 每届公众评审员人数为 15 名左右，任期为一年。任期届满将重新该公开招募。

第九条 在任期内，公众评审员有下列情形之一，应当解除与其聘任关系：

（一）本人申请辞去公众评审员聘任的；

（二）无正当理由，拒绝参加公众评审活动；

（三）违反保密及相关规定，造成严重社会影响或者其他严重后果的；

（四）不负责任或者其他不客观、不公正履行公众评审员职责的；

（五）违反回避等相关规定，徇私舞弊，故意发表误导其他公众评审员的言论，造成公众评审会做出错误表决或者其他严重后果的；

（六）收受他人的财物或者其他好处，违背“客观、科学、公正”原则发表评议或行使表决权的；

（七）其他不适宜继续担任公众评审员的。

第十条 公众评审员在公众评审会案件评议工作中享有以下权利：

（一）依照本办法的规定参加公众评审会；

（二）对查处案件的违法事实、办案过程、法律适用、处罚告知和当事人陈述等与案件有关情况享有知情权；

（三）调阅与案件有关的、已掌握的所有资料和证据；

（四）有权参加嘉兴市环保局组织的公众评审员短期培训，以提高业务素质。

第十一条 公众评审员在公众评审会案件评议工作中承担以下义务：

（一）独立、客观、科学、公正对案件发表评议意见，不受任何单位和个人的干涉；

（二）独立、客观、科学、公正行使案件表决权，不受任何单位和个人的干涉；

（三）对所评议案件及有关评议情况严格保密，除当期参加的评审人员外，不得擅自与他人讨论案情或评议、处理结果；

（四）严格遵守公众评审会纪律，按时参加公众评审会，服从统一安排；

（五）未经嘉兴市环保局允许，不得擅自向外界透露案件评议过程和处理结果。

第十二条 嘉兴市环保局在召开公众评审会的前三天通知当期参与评审的公

众评审员。

第十三条 每期公众评审会将从当届公众评审员名单中提前随机抽取三至五名，具体人数根据嘉兴市环保局提交当期公众评审会评议的案件数量酌情选择。

第十四条 公众评审员在参加公众评审会时，发现符合下列情形之一的，应当申请回避：

（一）是案件当事人或者案件当事人近亲属的；

（二）本人或其亲属与案件当事人有直接利害关系的；

（三）与案件当事人有其他利害关系，可能影响公正履行职责的其他情形。

公众评审员没有自行提出回避的，嘉兴市环保局有权要求其回避；嘉兴市环保局事后知晓其符合回避事项的，有权对其作出的案件评议和表决作出无效认定。

第十五条 公众评审员应当在公众评审会开始前提出书面回避申请，并说明理由。

在公众评审会开始后才知道回避事由的，应当在知道回避事由时立即提出。

在回避决定做出前，被申请回避的人员不停止参与公众评审会评议工作。

第十六条 公众评审员的回避，由公众评审会主持人决定。

第十七条 嘉兴市环保局向当期公众评审会成员公示案件办理情况及所取得的证据，并提出初步处罚意见，接受公众评审员对案件相关情况的询问。

第十八条 公众评审员对案件的违法事实是否清楚、证据是否确凿、程序是否合法、适用法律法规是否正确、自由裁量权行使是否恰当、当事人陈述理由是否成立等情况进行评议，并形成集体评议决议书面提交嘉兴市环保局。

第十九条 嘉兴市环保局将公众评审会的集体决议意见，作为最终做出行政处罚决定的重要参考依据，并于十个工作日内向当期公众评审会成员反馈最终处理结果。

第二十条 本办法由嘉兴市环保局负责解释。

第二十一条 本办法从发布之日起实施。

附录 5

关于鼓励发展群众性环保组织的指导意见

各县（市、区）环保局、民政局：

引导和支持公众参与环境保护是生态文明建设的重要组成部分，也是促进环境保护事业科学发展的社会基础。为深入贯彻落实科学发展观，进一步推进生态市建设，发挥公众参与公共服务与管理的作用，动员全社会支持参与环境保护工作，依照环境保护有关法律法规规定，经请示市领导同意，现对鼓励发展群众性环保组织提出如下意见：

一、充分认识发展群众性环保组织的重要意义。当前经济社会发展正处于重要的转型升级阶段，环境保护工作也处于攻难克坚的关键时期。近些年我市环境保护工作和生态文明建设在市委、市政府的正确领导下取得了长足进步，干部群众关心环保、关心生态的自觉性和参与意识不断提高，环保市民检查团、环保专家服务团、节能减排志愿者服务总队等一批环保组织在环保实践中发挥了重要作用，推动了环保事业的进步。但面对环境保护和生态文明建设的艰巨任务，环境保护和生态文明的理念仍还有待进一步推广普及并转化为广大干部群众自觉实践。实践证明，发展群众性环保组织是扩大环保公众参与，凝聚全社会力量支持和参与生态文明建设的重要载体，是联结政府和社会的重要桥梁和纽带，对动员各方面社会力量投身环境保护和生态文明建设起着至关重要的作用。为此，各级环保、民政部门要高度重视，切实将鼓励发展群众性环保组织列入重要议事日程，通过加强领导，落实责任，鼓励和支持群众性环保组织有序发展，形成推动环境保护和生态文明建设的监督制约力量，促进政府在环境保护、生态建设上民主决策、科学决策，推动资源节约型社会和环境友好型社会建设，实现科学发展、和谐发展。

二、认真把握发展群众性环保组织的总体要求。在科学发展观指导下，发展群众性环保组织的总体要求是以宣传环保理念，维护环境权益，组织环保公益活动，促进生态文明建设为基本宗旨，以党政引导、骨干引领、群众自愿、依法规范为发展原则，逐步形成以市、县（市、区）两级环保联合会为龙头，镇、街道及社区、村级基层环保组织为支点，其他社会环保志愿者组织为补充覆盖城乡的环保组织网络。

三、突出抓好市、县（市、区）两级环保联合会的组建工作。市、县（市、区）两级要组建由关心支持环保事业的社会各界人士及团体组织参加的环保联合会，以此作为整合社会各方面力量及各类环保组织的载体和平台。各地环保局、民政局要加强对环保联合会组建工作的领导和指导，并依照有关规定依法办理社团登记手续。各地要积极物色有一定社会影响力，政治坚定，组织活动能力较强，有为环保事业无私奉献精神的人士参与环保联合会的筹建工作，鼓励一些与环保工作关系密切的单位或组织以单位会员的身份加入环保联合会。环保联合会是非营利性社会团体，对其环保组织的组建及组建后的工作开展，环保、民政部门应加强指导、帮助和依法管理。

四、积极鼓励发展镇（街道）等基层群众性环保组织。各镇（街道）及社区、村等基层单位要积极发展群众性环保社团组织。镇（街道）环保协会可以吸纳退居二线或离退休且热心环保公益事业的老干部参加并担任领导职务。社区、村的环保协会可以由党支部或居委会、村委会干部牵头成立。镇（街道）和社区、村的环保协会可以作为上级环保联合会的团体会员，实施从简的登记手续，基层一些规模较小、活动范围较为固定的环保组织可以实行备案制。

五、切实发挥好群众性环保组织的作用。环保、民政部门要加强引导、帮助和支持，及时掌握各环保群众性组织发展和开展活动的动态，支持各群众性环保组织开展环保宣传、维权等公益活动，及时向他们宣传政府部门的有关方针政策，适时吸纳群众性环保组织代表参与政府及有关部门环保工作的决策咨询，鼓励建言献策，支持他们监督各单位环保法律法规和政策措施的贯彻落实情况，支持他们为维护人民群众的环境权益而进行的诉求和各种努力。对做出突出成绩的群众性环保组织要适时进行总结、表彰和奖励，对发展中出现的问题要及时进行分析研究和规范，对群众性环保组织开展活动过程中碰到的重大问题、疑难问题、敏感问题，各地环保部门要及时掌握信息，加强引导和指导。要加强对群众性环保组织领导骨干和核心成员的培养，注意发现并培养热心环保公益事业又有一定社会影响力的社会人士加入环保组织，充分发挥他们的引领作用。

以上意见请各地环保、民政部门认真贯彻执行。

二〇一〇年五月十一日

附录 6

关于切实加强环境影响评价公众参与的意见

（嘉环发[2013]90 号）

各县（市、区）环保局、嘉兴港区环保局，各有关单位：

为进一步规范和完善环境影响评价公众参与，着力维护公众的合法环境权益，根据《中华人民共和国环境影响评价法》《规划环境影响评价条例》《环境影响评价公众参与暂行办法》（环发[2006]28 号）、《浙江省建设项目环境保护管理办法》（省政府令第 288 号）等法律法规，现就进一步加强我市环境影响评价公众参与提出如下意见：

一、充分认识环境影响评价公众参与工作的重要性。自《环境影响评价公众参与暂行办法》实施以来，我市环境影响评价公众参与工作总体规范，执行情况较好，对防治环境污染和生态破坏，强化社会监督起到了较好的作用。但同时，在环评公众参与中也存在着调查对象代表性不强、公众参与有效性不足及公众意见采纳不全面等问题，应引起高度重视。各地环保部门和环评机构要统一思想，提高认识，把公众参与作为环境影响评价的重要环节，有序规范引导公众参与意见表达，认真采纳吸收公众参与合理诉求，依法依规发挥公众参与监督作用。

二、明确环境影响评价公众参与工作的范围。按照《环境影响评价公众参与暂行办法》《浙江省建设项目环境保护管理办法》要求，对环境可能造成重大影响、应当编制环境影响报告书的建设项目和应当编制环境影响报告表且处于环境敏感区的建设项目，或者因发生重大变更需重新报批环境影响报告书的建设项目，或者环境影响报告书批准五年后方决定开工建设的建设项目，应严格开展环境影响评价公众参与工作，但依法需要保密的除外。严格按照《规划环境影响评价条例》的相关要求，强化规划环境影响评价公众参与工作。

三、严格环评公众参与调查要求。公众参与调查范围原则上不得小于环境影响评价范围，并涵盖项目的敏感保护目标。公众调查可以采用调查问卷或者召开座谈会、论证会、听证会等方式。

采用调查问卷方式的，应根据各敏感目标分布情况及影响程度，合理确定书面问卷调查表的发放数量和发放重点，确保其具有代表性。建设项目环境影响评价区域范围内的团体调查对象不得少于 20 家，个人调查对象不得少于 50 人；团体调查对象少于 20 家、个人调查对象少于 50 人的，应当全部列为调查对象。回收的问卷调查意见应全部在环评文件中体现，不得进行挑选录用。

采用召开座谈会、论证会、听证会等方式的，应当通过媒体或者其他方式发布会议告示，并邀请社会团体、研究机构、有关环境敏感区的管理机构、学校、村（居）民委员会等有关单位、个人参加。

对生活垃圾焚烧处理、危废焚烧处理、污水集中处理、化工、制革、电镀等环境敏感项目应以召开座谈会、论证会、听证会等方式为主开展公众调查。

四、提高环评公众参与的真实性。采用调查问卷方式的，原则上要求建设单位与环评编制单位一同进行。问卷必须由被调查者本人填写，不得代写，姓名和联系电话等应进行当面核实。如由建设单位单独进行的，则环评单位对其真实性进行核实，并出具核实结果。采用召开座谈会、论证会、听证会等方式的，应提供会议签到、会议纪要、音像等佐证资料。

在环评文件上报审批时，将相关佐证材料一并上报审批该环评的环保部门。环保部门在环评文件审查中，应当对公众意见的调查、采纳情况进行审查，必要时，应对公众意见进行抽样核实。如有弄虚作假的则按《浙江省建设项目环境保护管理办法》第三十九、第四十条规定对建设单位、或环评机构进行查处。

嘉兴市环境保护局

二〇一三年六月二十二日

参考文献

[1] 安喜厌. 论环境保护公众参与与民间环保社会团体. 北京：中国政法大学，2004.

[2] 白雪. 环保法修改：小修小补远远不够—采访中国政法大学环境资源法研究所副所长杨素娟. 中国经济导报，2013-04-27.

[3] 鲍洪俊. 发展理念的升华：从水环境治理看浙江生态省建设. http：//www.people.com.cn/GB/huanbao/1072/1990367.html，2003 年 07 月 29 日.

[4] 昌敦虎，安海蓉，王鑫. 环境问题的复杂性与公众参与行为扩展. 中国人口·资源与环境，2004（4）.

[5] 陈春华. 环境公共治理的浙江实践. 决策，2014（5）.

[6] 陈光伟，李来来. 欧盟的环境与资源保护——法律，政策和行动. 自然资源学报，1999（3）.

[7] 陈海秋. 国外典型城市环境治理的九大模式概述. 珠江现代建设，2010（3）.

[8] 陈焕章. 实用环境管理学. 武汉：武汉大学出版社，1972.

[9] 陈健. 南湖区以环境整治打造“绿色化工”. http：//www.cnjxol.com/xwzx/jxxw/szxw/content/2010-01/02/content_1253343.htm.

[10] 陈新. 全省首家地市级环境权益维护中心在我市成立. http：//www.cnjxol.com/xwzx/jxxw/jxshxw/content/2011-11/19/content_1851005.htm.

[11] 陈雪峰. 今年新建成省级绿色社区 15 个，市级绿色学校 16 所：“绿色系”创建显成效. http：//wxz.zjol.com.cn/xznews/system/2011/12/23/014600508.shtml.

[12] 陈周锡. “水地图”：公众借网络互动平台参与环境监督. 第一财经日报，2012-09-21.

[13] 党晓晖. 公众缺乏环保知识，八成百姓不知“手机污染”. http：//news.xinhuanet.com/society/2008-04/06/content_7928677.htm.

[14] 邓国胜. 中国环保 NGO 的两种发展模式. 学会，2005（3）.

[15] 丁政. 金华：一手抓整治，一手抓保护. 中国环境报，2013-06-26.

[16] 樊根耀，郑瑶. 环境 NGO 及其制度机理. 环境科学与管理，2008（7）.

[17] 范必，伊丽莎白・多德斯韦尔等. 中国环境保护与社会发展的关系. 中国环境报，2013-11-18

[18] 范俊玉. 加强我国环境治理公众参与的必要性及路径选择. 安徽农业大学学报（社会科学版），2011（5）.

[19] 范俊玉. 加强我国环境治理公众参与的必要性及路径选择. 安徽农业大学学报（社会科学版），2011（5）：25-29.

[20] 费迪，王诗宗. 中国社会组织独立性与自主性的关系探究：基于浙江的经验. 中共浙江省委党校学报，2014（1）：18-26.

[21] 付俊文，赵红. 利益相关者理论综述. 首都经贸大学学报，2006（2）.

[22] 干海珠. 1996—1997 年世界各地区环境行动. 世界环境，1998（2）.

[23] 郭晋. 公众为什么不参与环保？ http：//www.022net.com/2006/1-9/472238192286172.html.

[24] 郭静. 宁波水环境生态治理调查报告：清清河水归来兮. http：//news.cnnb.com.cn/system/2013/07/30/007798520.shtml.

[25] 郭巍青. 解决环境危机：强化公民权利是根本. http：//news.si-na.com.cn/o/2007-01-15/090111002363s.sht-ml.

[26] 国家环保总局. 全国环境统计公报（2004）. http：//zls.mep.gov.cn/hjtj/qghjtjgb/200506/t20050610_67563.htm.

[27] 韩福国. 从治理理念到制度治理——基于“我们圆桌会”的分析. 杭州（我们），2013（1）：34-36.

[28] 杭州市环境保护局. 2013 年杭州市环境状况公报. http：//hznews.hangzhou.com.cn/xinzheng/ tongzhi/content/2014-06/05/content_5310207.htm.

[29] 杭州网. 嘉兴“民间零点行动”昨夜悲壮行进. http：//www.hangzhou.com.cn/20010825/ca52721.htm.

[30] 胡平. 嘉兴市社会组织发展的现实困境及策略选择. 嘉兴学院学报，2012（5）：1-7.

[31] 湖州市环境保护局. 浙江省公众参与环境保护推进会暨中欧环境治理地方伙伴项目启动会发言，2013.

[32] 环境保护部宣传教育司.积极构建全民参与环境保护的社会行动体系. 中国环境报，2013-11-19.

[33] 黄冀军. 从旁观者变成一支主力——解读环境保护公众参与“嘉兴模式”. 中国环境报，2011-10-19.

[34] 黄琳丽. 社区中环保公众参与机制浅议. 科技信息，2012（36）：539.

[35] 嘉兴日报. 交叉执法破解跨区域治污难题. http：//www.jepb.gov.cn/News/62/bd3731a2cfe718ae5364995de293b4e52bd23aeb.html.

[36] 嘉兴日报. 南湖区环保局创新举措推进“五水共治”. http：//jx.zjol.com.cn/system/2014/07/07/020125370.shtml.

[37] 嘉兴市环保联合会. 嘉兴市环保联合会章程. http：//www.doc88.com/p-0641669473837.html.

[38] 嘉兴市环保联合会. 2011 年嘉兴市环保联合会工作总结和 2012 年工作重点，2011-12-30.

[39] 嘉兴市环境保护局. 浙江省嘉兴市人民政府关于印发嘉兴市环境保护飞行监测办法（试行）的通知（嘉政发[2007]73 号）. http：//www.chinalawedu.com/news/1200/22598/22624/22997/2007/9/li02526175141970029040-0.htm.

[40] 嘉兴市环境保护局. 2005 年浙江省嘉兴市环境状况公报. http：//www.docin.com/p-221821370.html 检索，2011 年 6 月 18 日.

[41] 嘉兴市环境保护局. 关于筹建嘉兴市环保联合会的可行性报告. 2011 年.

[42] 嘉兴市环境保护局. 关于发展网络文明传播志愿者队伍的通知. http：//www.jepb.gov.cn/News/6/8606fd24240497c8766fba4bec7630922c81b7ad.html.

[43] 嘉兴市环境保护局. 关于鼓励发展群众性环保组织的指导意见. http：//www.jepb.gov.cn/News/7/1c0a0bb8e2e0d0f0363570ff27a4a905c9a2b6b0.html.

[44] 嘉兴市环境保护局. 关于建立上市公司履行环保责任核查制度的通知. http：//www.jepb.gov.cn/News/7/c7f9b0fb437533fbd302cc7dca6d68e101adce87.html.

[45] 嘉兴市环境保护局. 关于进一步加强环保公众参与工作的若干意见. 嘉兴市环境保护局第 179 号文件，2011-10.

[46] 嘉兴市环境保护局. 环保专家服务团为解决海宁三家企业氨氮超标问题提供技术指导. http：//www.jepb.gov.cn/News/4/c7e8a95c2fabf17a7bdd346d221f285c5a8d3f87.html.

[47] 嘉兴市环境保护局. 嘉兴公众参与环保迈入“网络时代”. http：//www.jepb.

gov.cn/News/172/ f829845cfe91ef7bf5b432a3ffad7587dab0897d.html.

[48] 嘉兴市环境保护局. 嘉兴经开区分局建立“三员”队伍让基层环保更有厚度. http：//www.jepb.gov.cn/News/1/7ee761a76a2425d523f7ee38a9932618e3b66dbc.html.

[49] 嘉兴市环境保护局. 嘉兴市环保局行政处罚公众评审员管理办法(试行)》出台. http：//www.jepb.gov.cn/News/1/74c54cae17a0b22e5a8ef010cd0fac8f9ddfc8b2.html.

[50] 嘉兴市环境保护局. 嘉兴市环保局开展“亮剑 1 号”环保执法专项行动. http：//www.jepb.gov.cn/News/1/0467d1cbd77e776d7ab8846f836c43aeb8fa2503.html.

[51] 嘉兴市环境保护局. 嘉兴市环保局推进违法企业整改“摘帽”工作规范化管理. http：//www.jepb.gov.cn/News/1/fa18c79bf6354c3f358cc660aef89d5f0aa8cf40.html.

[52] 嘉兴市环境保护局. 嘉兴市环保宣传月系列活动将呈现三大亮点. http：//www.jepb.gov.cn/ News/1/748fccb5488f6a186cfef682f349c201198da03a.html.

[53] 嘉兴市环境保护局. 健全公众参与环保机制：推动公众参与执法监管，整治验收全过程. http：//www.jepb.gov.cn/News/172/0fb0baa9e478d0a106bcf872e623901bfe78bb27.html.

[54] 嘉兴市环境保护局. 今年首批 5 家限期整改摘帽企业摘帽检查，两家成功摘帽. http：//www.jepb.gov.cn/News/1/3abb2c704de83074078dd74b39578f40b133434d.html.

[55] 嘉兴市环境保护局. 南湖区公众参与行政处罚. http：//www.jepb.gov.cn/News/6/db667c0b2e0c54430dd741993db8d4af89482889.html.

[56] 嘉兴市环境保护局. 我市打造环保行政执法阳光处罚平台.http：//www.jepb.gov.cn/News/172/d1e5c4dbe916eb1d6ca8bb553cc59c27db2d43a5.html.

[57] 嘉兴市环境保护局. 引导要讲科学，推动要有热情：嘉兴市公众参与环境保护的实践分析. http：//www.jepb.gov.cn/News/1/d7c7c35bfa3049b94a3f31d332de428a6129b3d3.html.

[58] 嘉兴市环境保护局. 关于印发《关于环境保护公益诉讼的若干意见》的通知. http：//www.jepb.gov.cn/News/7/77f331fef7d25b3413baad0bb4918fafcbe6a890.html.

[59] 嘉兴市环境保护局. 嘉兴引导公众参与，加强社会监督. 中国环境报，2013-06-13.

[60] 嘉兴市环境保护局. 浙江省公众参与环境保护推进会暨中欧环境治理地方伙伴项目启动会发言. 嘉兴，2013-02-06.

[61] 嘉兴市环境保护局. 浙江省公众参与环境保护推进会暨中欧环境治理地方伙伴项目启动会发言，2013.

[62] 嘉兴市民政局. 嘉兴市民政局关于进一步加强城乡社区社会组织培育发展工作的实施意

见. http：//shzz.jxsmz.gov.cn/News_View.asp？AID=610.

[63] 嘉兴市人民政府. 公众参与阳光执法南湖区建立环境行政处罚案件公众参与制度. http：//www. jxfzb.gov.cn/Article/Show.asp？ID=578.

[64] 嘉兴市统计局. 2013 年嘉兴市国民经济和社会发展统计公报. http：//www.jxstats.gov.cn/web/Viewpage/XX.aspx？id=3516&type=11.

[65] 嘉兴在线. 2010 年全市企业环境信用等级评价结果出炉："绿色""蓝色"企业将享融资优先待遇. http：//www.cnjxol.com/xwzx/jxxw/jjxw/content/2011-09/18/content_1793669.htm.

[66] 嘉兴在线. 我市启动"环境保护，部门联动"协作机制. http：//www.cnjxol.com/xwzx/jxxw/szxw/content/2007-09/28/content_514873.htm.

[67] 焦梦. 环境治理公众参与嘉兴模式可向全国推广. http：//www.china.com.cn/news/shehui/2014-04/18/content_32138803.htm 检索.

[68] 焦梦. 嘉兴模式探索公众多元参与环境决策，构建"大环保"格局. http：//cn.chinagate.cn/news/2014-06/30/content_32809624_3.htm.

[69] 金华市环境保护局. 浙江省公众参与环境保护推进会暨中欧环境治理地方伙伴项目启动会发言，2013.

[70] 金姗. 环境信息公开程度宁波获五连冠. http：//jdnews.cnnb.com.cn/system/2014/06/21/010984555.shtml.

[71] 李广义，覃勇荣. 促进社区参与环境保护. 广西日报，2007-07-05.

[72] 李克杰. 人民时评：中国企业为何不愿参加民间活动. http：//www.people.com.cn/GB/guandian/1033/2653447.html.

[73] 李茂平，彭月英. 我国民间组织的生态环境保护功能探析. 湖湘论坛，2008（6）.

[74] 李昇. 2012 年桐乡年鉴（环境保护）. http：//www.txsz.gov.cn/html/txnj/2012/20130327/133247.html.

[75] 李天宇. 环保 NGO：配角转向主角. 记者观察杂志，2007-07-01.

[76] 李万新. 公众参与环境决策的方法与实践. http：//www.chinaenvironment.com/View/ViewNews.aspx？k=20131206150213937.

[77] 李兴旺. 环境保护 NGO 的权力机制研究. 中国政法大学硕士学位论文，2006.

[78] 李咏. 中国 NGO 狭缝求生. 财经，2002（3）.

[79] 厉佛灯. 引领和推进浙江科学发展的重大战略. 今日浙江，2007（6）.

[80] 联合国环境规划署. 全球环境展望 GEO4. 北京：中国环境科学出版社，2008.
[81] 林卡，易龙飞. 参与与赋权：环境治理的地方创新. 探索与争鸣，2014（11）.
[82] 林卡. 社会质量理论：研究和谐社会建设的新视角. 中国人民大学学报，2010（2）.
[83] 林丽英，2004. 当前我国环境 NGO 的发展环境研究，中国环境管理，2004（4）：9-11.
[84] 林培. 我国步入“新公益精神”时代. 中国建设报，2007-04-05.
[85] 林喆. 环境权：人类与社会和自然的契约. 学习时报，2004-07-19.
[86] 刘新宇. 社会管理创新背景下深化社会组织环保参与的研究. 社会科学，2012（8）.
[87] 刘新宇. 社会管理创新背景下深化社会组织环保参与的研究. 社会科学，2012（8）.
[88] [美]罗伯特·达尔. 论民主. 北京：商务印书馆，1999：43.
[89] [美]罗伯特·默顿. 社会研究与社会政策. 林聚任，等译，北京：三联书店，2001.
[90] 吕忠梅. 环境法新视野. 北京：中国政法大学出版社，2000：131.
[91] 吕忠梅. 再论公民环境权. 法学研究，2000（6）.
[92] [美]马丁・P・戈尔丁. 法律哲学. 齐海滨，译. 北京：三联书店，1987.
[93] 马军. 环境治理亟待社会共识公众参与遏制权力寻租. 南方都市报，2007-02-09.
[94] 马军. 扩大有序参与，实现环境和谐. 中国环境报，2006-11-24.
[95] 马秋莎. 全球化，国际非政府组织与中国民间组织的发展. 开放时代，2006（2）：119-138
[96] 马晓明. 三方博弈与环境制度. 北京大学博士论文，2003.
[97] 南湖晚报. 2013 年嘉兴市生态环境质量公众满意度调查结果出炉. http：//jx.zjol.com.cn/system/2013/11/26/019726078.shtml.
[98] 宁波市环境保护局. 2012 年宁波市公众参与环境保护工作总结. http：//gtog.ningbo.gov.cn/art/2013/2/16/art_13264_971441.html.
[99] [美]诺尔·瓦尔蒂，威尔茨·西诺·西克维奇. 从罗马到尼斯：欧洲环境法发展的历史侧面. 陈懿，译. 研究生法学，2007（1）.
[100] 潘洪其. 环保修法既要“限权”也要“赋权”. 北京青年报，2007-02-28.
[101] 潘岳. 培育“新公益精神”，培育“新公益精神”共建绿色中国：在“绿色中国环保公益日”活动上的讲话. http：//news.qq.com/a/20070402/000607.htm.
[102] 裴淑娥，左戌革，王东. 公众参与环境意识与生态文明建设现状及途径研究. 前沿，2010（17）.
[103] 裴晓菲. 日本企业实行严格自主环境管理的原因及其对中国的启示. 上海环境科学，

2006（1）.
[104] 青连斌. 论社会协同. 湖南社会科学，2005（2）.
[105] 邱再青，徐建平，杨建强，2012. 嘉兴公众参与推动生态建设. http：//www.cctvhjpd.com/Article/Show.asp？ID=45365.
[106] 邱再青，徐建平，杨建强. 嘉兴公众参与推动生态建设. 中国环境报，2012 年 10 月 15 日.
[107] 全晓书，郭丽琨. 中国环境污染带来的经济损失约占国内生产总值 10%. http：//www.gov.cn/jrzg/2006-06/05/content_300557.htm.
[108] 人民日报. “嘉兴模式”: 不让公众参与环保走过场. http://news.qq.com/a/20101125/000733.htm.
[109] 绍兴市环境保护局. 浙江省公众参与环境保护推进会暨中欧环境治理地方伙伴项目启动会发言，2013.
[110] 史玉成，杨红. 论环境保护与公众参与. 南京财经大学学报，2003（5）.
[111] 史玉成. 论我国环境保护公众参与法律制度，华东政法大学硕士学位论文，2007.
[112] 世界卫生组织. 通过健康环境预防疾病——对疾病的环境负担的估计报告，2006.
[113] 宋丽红. 试论污染源在线监控管理模式. 科技情报开发与经济，2010（12）：125-127.
[114] 苏大林，周巍，申永丰. 走向良性互动：政府与非政府组织合作关系探讨. 甘肃社会科学，2006（4）.
[115] 孙晓莉. 多元社会治理模式探析. 理论导刊，2005（5）：7-9.
[116] 孙志祥. “双重管理”体制下的民间组织：以三个民间环保组织为例. 中国软科学. 2001（7）：36-39.
[117] 台州市环境保护局. 浙江省公众参与环境保护推进会暨中欧环境治理地方伙伴项目启动会发言，2013.
[118] 谭凤兰. 环境保护与公众参与. 承德职业学院学报，2006（3）.
[119] 唐文玉，马西恒. 去政治化的自主性：民办社会组织的生存策略. 浙江社会科学，2011（10）：58-65，89.
[120] 腾世华. 公共物品非营利组织供给的理论依据. 云南行政学院学报，2002（6）：34-37.
[121] 田千山. 几种生态环境治理模式的比较分析. 陕西行政学院学报，2012（4）.
[122] 汪恩民. 浙江嘉兴检察院建立环保公益诉讼制度. http：//www.chinanews.com/cj/2010/

08-30/2500603.shtml.
[123] 汪劲，骆建华. 法，意环境之行. 世界环境，2002（3）.
[124] 汪永晨. 国家审查与公众参与. 绿叶，2007-12-25.
[125] 汪永晨. 如何应对长江水位最低的挑战. 重庆日报，2007-12-27.
[126] 王灿发. 环境法的辉煌，挑战及前瞻. 政法论坛，2010（3）.
[127] 王凤. 公众参与环保行为机理研究. 中国环境科学出版社，2008.
[128] 王凤，卢春香. 公众参与环境保护的研究进展. 环境与可持续发展，2008（3）.
[129] 王金南. 让公众真正参与环境治理. 上海证券报，2014-08-01.
[130] 王力. 持续改善大气和水环境质量. 杭州日报，2013-05-10.
[131] 王山山. 封面故事：环评乱象. 中国经济周刊，2014（12）.
[132] 王诗宗，宋程成. 独立抑或自主：中国社会组织特征问题重思. 中国社会科学，2013（5）：50-66.
[133] 温州市环境保护局. 浙江省公众参与环境保护推进会暨中欧环境治理地方伙伴项目启动会发言，2013
[134] 吴荻，武春友. 建国以来中国环境政策的演进分析. 大连理工大学学报（社会科学版），2006（4）.
[135] 吴光芸，方国雄. 市场失灵，政府失灵与非营利组织失灵及三者互动的公共服务体系. 四川行政学院学报，2005（1）：19-21.
[136] 吴昕春. 公共选择与公众参与集体行动的动力. 安徽大学学报，2002（5）：42-46.
[137] 吴孜放. 启动六城联创，优化发展环境. 温州日报，2010-10-11.
[138] 肖建国. 程序公正的理念及其实现. 法学研究，1999（3）.
[139] 肖建华. 参与式治理视角下地方政府环境管理创新. 中国行政管理，2012（5）.
[140] 谢菊，刘磊. 环境治理中社会组织参与的现状与对策. 环境保护，2013-23.
[141] 新京报. 杭州余杭九峰村规划建造垃圾焚烧发电厂5000余居民抗议. http://www.guancha.cn/society/2014_05_11_228491.shtml.
[142] 徐建平. 嘉兴市环保局“六大”现象力推环保工作新局面. http://www.jepb.gov.cn/news/62/67c39beaab44702dc55325e6e6054cb3d4ce6714.html.
[143] 徐建平，杨建强，徐全. 公众参与显亮点. http：//www.mzyfz.com/cms/jienengjianpai/xinwenzhongxin/xinwenkuaixun/html/1110/2011-11-07/content-203958.htm.

[144] 徐建平. 嘉兴市探索环境保护公众参与的实践与思考. 新嘉兴，2009-06-30.

[145] 徐婷. 欧盟环境政策与环境外交. 青岛大学硕士论文，2007.

[146] 徐晓明. 环境领域中公众参与行为的经济分析. 中国人口·资源与环境，2004（1）.

[147] 徐振才. 浅析我国现代环境立法的历史进程. 中国人口·资源与环境，2008（18）.

[148] 郇庆治. 环境非政府组织与政府的关系：以自然之友为例. 江海学刊，2008（2）：130-136.

[149] 荀丽丽，包智明. 政府动员型环境政策及其地方实践——关于内蒙古 S 旗生态移民的社会学分析. 中国社会科学，2007（5）.

[150] 杨柳. 深阅读：环评机构竟这样造假. 人民日报，2013-01-29.

[151] 杨妍. 环境公民社会与环境治理体制的发展. 新视野，2009（4）.

[152] 姚进忠，巨东红. 立体赋权：农村留守儿童社会支持网络的建构. 当代青年研究，2012（12）.

[153] 叶文虎，栾胜基. 环境质量评价学. 北京：高等教育出版社，1994.

[154] 应丽斋，陈雪峰. 环保觉醒：嘉兴民间"零点行动"十年变迁回望. http：//zjnews.zjol.com.cn/05zjnews/system/2011/11/21/018013126.shtml.

[155] 俞可平. 社会公平和善治是建设和谐社会的两大基石. 中国特色社会主义研究，2005（1）：10-16.

[156] 岳金柱，宋珊. 试论社会组织在社会转型中的角色与作用. 社团管理研究，2011（8）.

[157] 张德宝. 我国公共政策制定中公众消极参与现象的原因分析. 山东文学（下），2009（6）.

[158] 张海生，沈蓓莉. 南湖首创行政处罚公众参与制. http：//jjsb.cet.com.cn/show_104671.html.

[159] 张力刚，沈晓蕾. 公民环境权的宪法学考察. 政治与法律，2002（3）.

[160] 张瑞玲. 社团合法性——从资源依赖视角的解释. 理论界，2010（2）.

[161] 张玉林. 中国的环境运动. 绿叶，2009（11）.

[162] 张昭庆. 环境保护的权利与权力配置. 山东社会科学，2011（6）.

[163] 张卓林. 基于利益相关者理论的合作治理机制探析——以太湖水污染防治政策为例. 青岛大学硕士论文，2012.

[164] 章剑. 发挥主阵地作用，推进历史性转变：中国环境报宣传工作会议暨环保局长论坛发言. http：//info.cjk3d.net/viewnews-153966.

[165] 章剑，邱再青，徐建平. 构建监督平台，保障公众广泛参与环保. http：//www.eedu.org.cn/news/envir/eview/200906/37053.html.

[166] 章剑，邱再青，徐建平. 嘉兴市探索公众参与环境保护的实践与思考. http：//www.participation.cn/liluntantao/lunwen/5827.html.

[167] 章剑，徐建平. 现实发现·实践发掘·探索发展——对生态文明建设与环境保护公众参与现象的研究分析. 今日环境，2011（2）.

[168] 赵惊涛. 论环境保护中的公众参与问题. 中国法学会环境资源法学研究会年会论文集，2004.

[169] 赵小燕. 浙江启动共建美丽人居环境行动，强化人居环境整治. http：//www.chinanews.com/df/2013/11-11/5489132.shtml.

[170] 赵秀梅. 中国NGO对政府的策略：一个初步考察. 开放时代，2004（6）.

[171] 浙江法制报. “点单式”环保执法给了市民监督权. http：//www.jepb.gov.cn/news/172/9d0ad0796b568715463fa10d7ae81c31cc407b0d.html.

[172] 浙江环境保护网. 嘉兴市环境执法力度创历史新高. http：//www.fuzha.com/zjhb/2010/1114/1135.html.

[173] 浙江省环保厅. 2011 年度嘉兴生态市建设工作总结. http：//www.zj.xinhuanet.com//2012-04/ 25/content_25130025.htm.

[174] 浙江省环保厅. 南湖区化工行业整治的做法与成效. http：//www.zjepb.gov.cn/hbtmhwz/sylm/zxdt/201003/t20100303_27748.htm 检索，2010-03-03.

[175] 浙江省环保厅. 温州市近期水环境治理工作取得新成效. http：//www.zj.gov.cn/art/2013/10/21/art_13102_948373.html.

[176] 浙江省民政厅. 浙江省民政厅关于社会团体登记管理制度改革的试行意见. http：//www.zj.gov.cn/art/2014/4/11/art_13815_143241.html.

[177] 浙江在线. 专家学者充分肯定嘉兴公众参与环保工作的探索和实践. http：//china.zjol.com.cn/system/2013/12/31/019787325.shtml.

[178] 郑易生，李玉浸，钱薏红，等. 中国环境污染经济损失估算：1993 年. 生态经济，1997（6）.

[179] 中国环境报. 引导公众参与加强社会监督. http：//www.cenews.com.cn/ hjzt/ggzt/201306/t20130612_742998.html.

[180] 中国环境报. 从旁观者变成一支主力：解读环境保护公众参与“嘉兴模式”. http：//www.cenews.com.cn/xwzx/zhxw/ybyw/201110/t20111018_706928.html.

[181] 中国环境报. 环境参与式治理如何调动公民积极性. http：//www.huanbao.com/news/details15646.htm.

[182] 中国网. 近年来我国环境群体性事件高发-年均递增 29%. http：//www.china.com.cn/news/2012-10/27/content_26920089_3.htm.

[183] 中华环保联合会. 2008 年环境蓝皮书：中国环保民间组织发展报告. http：//www.cenews.com.cn/historynews/06_07/200712/t20071229_24172.html.

[184] 中华人民共和国环境保护部环境监测司. 中国环境状况公报 1995-2012. http：//jcs.mep.gov.cn/hjzl/zkgb/.

[185] 朱海伦. 民间环保组织成员参与动机研究——以嘉兴市民环保检查团为例. 嘉兴学院学报，2010（1）：34-40.

[186] 朱海伦. 社会民间组织参与基层行政民主决策研究：以嘉兴市环保市民检查团为例. 嘉兴学院学报. 2010（1）：34-40.

[187] 朱四倍. 不能让百姓有人微言轻的想法. 青年报，2008-01-03.

[188] 朱跃红. 解决社区环境问题有了新尝试："圆桌会议"架起三方沟通桥梁. . http：//www.cnjxol.com/xwzx/jxxw/qxxw/tx/content/2009-01/07/content_944095.htm.

[189] 朱政. 嘉兴又添 109 个市级生态村. http：//bay-hzrb.hangzhou.com.cn/system/2011/08/14/011459972.shtml.

[190] 朱政. 嘉兴生态环境一年比一年好. 嘉兴在线新闻网. http：//www.cnjxol.com/xwzx/jxxw/jxshxw/content/2012-10/18/content_2177605.htm.

[191] 卓光俊. 我国环境保护中的公众参与制度研究. 重庆大学博士论文，2012.

[192] 尤建新，陈强. 以公众满意为导向的城市管理模式研究. 公共管理学报，2004（2）.

[193] Collins H.M. & Evans R.（2002）. The third wave of science studies：Studies of expertise and experience. Social Studies of Science，32（2）：235-296.

[194] Delicath J.W.，Elsenbeer M.A. & Depoe S.P.（2004）. Communication and Public Participation in Environment Decision Making. Albany，NY：State of University of New York Press.

[195] Helina S.，Jensen T. & Sandström J.（2013）. "Like a battalion of tanks"：A critical analysis of stakeholder management. Scandinavian Journal of Management，29（3）：209-218.

[196] onathan.H. Free & Green A .（2001）. New Approach to Environmental Protection. Harvard

Journal of Law & Public Policy，24：123-137.

[197] Konisky D. M. & Thomas C.B.（2001）. Innovations in public participation and environmental decisionMaking：Examples from the Great Lakes region. Society and Natural Resources，14（9）：815 – 826.

[198] Lauber，T.B. and Knuth，B.A.（1999）. Measuring Fairness in Citizen Participation：A Case Study of Moose Management Society and Nature Resource，12：19-37

[199] Lyons D.（2005）. Environmental protection in Taiwan：Is it too much too fast？ Journal of Contemporary Asia，35（2）：183-194.

[200] Madsen H. & Ulhøi J.P.（2001）. Integrating environmental and stakeholder management. Business strategy and the environment，10（2），77-88.

[201] Mitchell D.（1997）. Toward a Theory of Stakeholder Identification and Salience：Defining The Principle of Whom and What Really Counts. Academy of Management Review，22（4）：853-886.

[202] Mol A.P. & Carter N.T.（2006）. China's environmental governance in transition. Environmental Politics，15（02）：149-170.

[203] Rawls J.（1999）.ATheoryofJustice，Revisededition.Oxford：OxfordUniversityPress.

[204] Thibant J. & Walker L.（1975）. Procedural justice：A psychological analysis. Hillsdale，NJ：Erlbaum Associates.

[205] Tom R. Tyler.（1988）. What is procedural justice-criteria used by citizens to assess the fairness of legal procedures. Law and Society Review，22：103.

[206] Verbeke A. & Tung V.（2013）. The future of stakeholder management theory：a temporal perspective. Journal of Business Ethics，112（3）：529-543.

[207] Wu，F.（2009）. Environmental politics in China：An issue area in review. Journal of Chinese Political Science，14（4）：383-406.

[208] Yang，G.（2005）. Environmental NGOs and institutional dynamics in China. The China Quarterly，181：46-66.

后　记

在我国环境污染日益严峻的形势下，环境保护问题成为目前学科交叉研究的典型议题领域。这一领域不单单局限在技术和管理层面上，也向民主参与、社会治理和社会政策等研究领域上扩展。本书从社会管理的视角对于环境治理的公众参与问题进行了探讨。它以嘉兴地方环境治理实践为例，讨论了嘉兴环境保护公众参与模式的背景、特点和政策蕴意。它也基于制度分析、利益相关者分析等方法，探讨了该模式运作的可持续性和可推广性。这些研究历经两年多时间，由浙江大学公共管理学院的研究团队来推进。该研究得到中欧环境治理项目的资助，也通过该项目举办的多次国际会议和国际交流机会，与国际专家进行交流，从而提升了研究的质量。

在这个为期两年多的研究中，研究团队在浙江大学林卡教授的带领下前往嘉兴进行了十余次实地调研。通过座谈会、深度访谈等形式，调查组成员与嘉兴市环保局官员和嘉兴市环保联合会的部分负责人以及居民代表等 200 余人进行了深入讨论；也走访了韩泰轮胎、晓星化纤、禾欣实业和民丰特种纸股份等大中型企业，访问了嘉兴市的城南社区、丰北社区、新江南社区、天星社区、清河社区共五个社区。在嘉兴之外，研究团队也到宁波，舟山等地进行了调研，参加了在杭州、宁波、温州、绍兴、湖州、金华、台州等地举办的公众参与环境保护地方论坛，获得了大量一手的经验资料。

作为这些研究实践的成果，浙江大学公共管理学院的博士生、硕士生和本科生一起收集了研究资料并形成本书。该书在写作过程中得到了来自于浙江大学公共管理学院的硕士和博士研究生的帮助（包括吴昊、申秋、安超颖、白莉、巴图琪琪格、龙啸、吕浩然等），也有来自三个本科生 SRTP 小组的参与（包括蔡洁楠、丁淑妮、瞿伊蝶、吴晗、陆悦、张玉、焦雪瀸、余红霞、许雅洁等）。在本稿写作的过程中，林卡教授全面负责书稿的写作，包括框架的建构、观点的凝练、意义的阐释和理论的提升等工作，也包括第一稿的口述和第三稿的修改；博士研究生朱浩负责绪论、第一章、第五章和第六章；博士研究生易龙飞具体负责第二章、第三章、第四章和第七章。

当然，由于时间仓促，本书在形成过程中难免会有一定的缺陷和不足，包括对调研资料的分析会存在一些不到位的地方，对参考资料的核查也可能会出现个别的疏忽。尽管存在种种疏漏，我们还是希望本书能够引导读者去思考政府与社会的协同关系，去思索“政府对社会组织赋权增能”这一理念，去理解在中国威权主义背景下政府与公众良性互动的实现逻辑。我们也希望本书能够为我国环境保护公众参与和社会创新的实践提供参考，也能够为我国社会发展和公民社会的建设提供有益启示。

林　卡

2014年12月于浙江大学

致　谢

中欧环境治理项目浙江公众参与地方伙伴项目——嘉兴模式中的公众参与环境治理及其在浙江的可推广性，从2012年9月实施以来，历经30余月，成果终于付诸出版。本项目由浙江省环境宣传教育中心牵头协调，浙江大学、浙江工商大学、英国格拉斯哥大学、英国利兹大学、荷兰国际社会质量协会作为合作伙伴，浙江省公共政策研究院、嘉兴市环保联合会、荷兰阿姆斯特丹自由大学、芬兰图尔库大学、瑞典斯德哥尔摩大学、英国谢菲尔德大学等作为协作单位，在环保部环境与经济政策研究中心指导下共同完成。感谢合作伙伴浙江大学公共管理学院林卡教授、浙江工商大学朱狄敏博士以及荷兰国际社会质量协会Dr. Laurent J.G. van der Maesen、英国格拉斯哥大学Dr. Neil Munro、英国利兹大学Dr. Hinrich Voss等在项目前期论证申请过程的合作，使我们的申请得以成功通过。在项目执行过程中，非常感谢项目团队其他中外伙伴们的精诚合作，他（她）们是荷兰国际社会质量协会Dr.Kai Wang，英国格拉斯哥大学Dr. Nai Rui Chng，瑞典乌普萨拉大学Dr.Mattias Burell、李心悦博士，浙江大学光华法学院钱水苗教授、巩固副教授，嘉兴学院朱海伦副教授，浙江省社会科学院王崟屾副研究员、唐明良副研究员，以及北京大学阳平坚博士、杭州电子科技大学方建中副教授、浙江农林大学陈海嵩博士、浙江财经大学冯涛博士等都在与嘉兴模式相关的问题上进行了研究或作出贡献。同时也感谢荷兰国际社会质量协会Ms.Helma Verklej，英国格拉斯哥大学Dr.Bettina Bluemling，瑞典斯德哥尔摩国际水研究院Mr.Frank Zhang对项目国际交流以及论文编撰等的支持。感谢浙江大学公共管理学院朱浩、易龙飞、侯百谦、吕浩然、张育琴、付志宇、黄立婉等同学以及浙江大学北欧班的同学对项目调研和成果研究作出的贡献。

项目实施以来，我们也非常感谢浙江省有关领导、各级环保和相关部门人士的大力支持。他（她）们是十一届浙江省政协副主席、时任浙江省政府副省长陈加元、浙江省环保厅厅长方敏、浙江省环保厅副厅长卢春中，浙江省环保厅生态处处长马青骏、法规处处长叶俊、副处长陈云娟、时任法规处副处长徐妙芳（挂职）以及戴任重，建设项目管理处处长周碧河，科技与合作处处长李晓伟、副调研员邱中云，浙江省环境宣传教育中心主任潘林平、时任主任黄渭、时任副主任兼中国环境报浙江记者站站长赵晓，杭州市环保局总工程师沈海峰、邵煜琦、孟祥胜、林燕、余中平、裴斐，杭州市发展研究中心政治文明研究处处长孙颖，宁波市环保局巡视员吴建伟、谢小诚、陈晓众、王璐，温州市环保局副局长胡正武、副局长林曙、刘卓谞，湖州市环保局纪检组长黄一平、副局长余加伟、吴婧、邵波，嘉兴市环保局纪检组长邱再青、副局长朱伟强、杨建强、蔡华晨、王黎，海盐县人民政府县长章剑，绍兴市环保局副局长胡剑、沈慧惠，金华市环保局副局长李荣军、李期辉、金丹华，衢州市环保局副局长胡耀龙、王峰，台州市环保局党组成员马银来、李展明、丁华慧，舟山市环保局副局长於敏峰、邬国桢、黄最惠，丽水市环保局副局长胡晓红、陈锋。

此外，对于此项目的执行，我们要特别感谢中欧环境治理项目主管方对本项目的支持。他（她）们是欧盟驻华代表团项目主管黄雪菊女士、欧盟驻坦桑尼亚代表团 Ms.Maria Chiara Femiano（时任欧盟驻华代表团中欧环境治理项目官员），环保部政策法规司副司长别涛先生、环保部政策法规司法规处副处长李静云博士、商务部国际经贸关系司一等商务秘书罗煜女士、一等商务秘书陈红英女士，环保部环境与经济政策研究中心副主任、中欧环境治理项目主任原庆丹先生，环保部环境与经济政策研究中心战略室主任、中欧环境治理项目执行主任俞海博士，中欧环境治理项目欧方主任 Mr.Dimitri de Boer、项目专家 Mr.Richard Hardiman 以及项目办张会君、尚宏博、潘泓、李华蕾、刘梦星、Merav Cohen，他们的支持为本研究项目的顺利进行提供了基本的保障。另外，我们也感谢环保部宣教中心主任贾峰先生，环保部宣教司综合处赵莹处长，全国人大法工委行政法室刘海涛处长，环保部环境与经济政策研究中心首席专家王华博士，浙江省法制办立法二处童剑峰处长，浙江省公共政策研究院副院长蓝蔚青研究员以及河北省人大常委会城环工委白刚副主任和武晓雷处长等对项目成果推广交流的支持。

在项目的执行过程中，我们也要感谢各类社会组织及其相关人士参与到项目各类活动。这些社会组织的人士包括，嘉兴市环保联合会副秘书长万加华、阿里巴巴公益基金会杨方义、杭州市上城区艾绿环保科普服务中心郑元英、温州绿色水网公益中心白洪鲍，浙江工业大学生物与环境工程学院党委副书记马骏、分团委书记张烽，以及浙江外国语学院张英、李玲玲、祁晓茵、孙福汝、陈瑶、王怡文、苏洁和浙江工业大学潘娇娇、浙江大学宁波理工学院黄慧珍等同学的翻译志愿服务。同时，也感谢中欧环境治理项目地方伙伴关系项目其他兄弟机构的支持，他们是中华环保联合会、天津泰达低碳经济促进中心、北京市朝阳区公众环境研究中心、布莱克·史密斯环境研究所、德国国际合作机构、瑞典环境科学院等。

同时，我们也要感谢有关媒体伙伴对项目宣传的支持，他（她）们是中新社赵小燕，中国网焦梦，《中国环境报》陈媛媛、晏利扬，《世界环境》刘茜，《新环境》丁瑶瑶，《浙江日报》吴妙丽、陈文文，浙江在线潘杰、陈铖、孙璐、仲瑶卿，浙江之声余昌伟、吴轶颖，浙江交通之声王桔，浙江卫视周菁，浙江经视金昆，《青年时报》朱敏，《都市快报》王中亮，《浙江人大》林龙、《今日环境》许佐民等（以发稿时所在单位为准），还有其他很多媒体伙伴要感谢，在这不一一列出。

最后，还要特别感谢浙江省环境宣传教育中心项目助理王雯，以及寿颖慧、邵甜、杨贡江、吴涓、俞桂英、陆俊超、王希莉、沈焕壮、梁婧婧、任依依、金元森、蒋和平和实习生李猛等同事在项目推进过程中的努力、配合和支持。

项目执行主任　虞伟

2015 年 11 月